UI设计启示录

创意＋对比＋实战

王涵 艾琦 张怡琪 刘佳 编著

人民邮电出版社

北京

图书在版编目（CIP）数据

UI设计启示录：创意＋对比＋实战 / 王涵等编著
. -- 北京：人民邮电出版社，2019.7
ISBN 978-7-115-51075-4

Ⅰ．①U… Ⅱ．①王… Ⅲ．①人机界面—程序设计
Ⅳ．①TP311.1

中国版本图书馆CIP数据核字(2019)第067072号

内 容 提 要

市面上与 Photoshop 有关的书籍多以介绍如何修图为主，倾向于讲解修图工具的使用，针对 UI 的书则较少，讲解相关理论知识的书就更少了，而使用 Photoshop 进行 UI 设计时涉及的工具和技巧与修图时有很大不同，本书重点讲解 UI 设计应用。

本书的特点是能让大家看得懂、学得会，且不会觉得枯燥，读者可以边翻看手里的书，边通过计算机进行实践学习，避免了"只会照着书做，自己创作时却一头雾水"的问题。随书附赠的案例素材文件和操作演示视频有助于读者提高学习效率。

本书面向对 UI 设计感兴趣的初学者，也可以作为高校艺术专业的教材及相关培训机构的参考书。

◆ 编　著　王　涵　艾　琦　张怡琪　刘　佳
　　责任编辑　张丹阳
　　责任印制　马振武

◆ 人民邮电出版社出版发行　　北京市丰台区成寿寺路 11 号
　　邮编　100164　　电子邮件　315@ptpress.com.cn
　　网址　http://www.ptpress.com.cn
　　天津市豪迈印务有限公司印刷

◆ 开本：787×1092　1/16
　　印张：17.75
　　字数：600 千字　　　　　　　　2019 年 7 月第 1 版
　　印数：1—5 000 册　　　　　　2019 年 7 月天津第 1 次印刷

定价：98.00 元

读者服务热线：(010)81055410　　印装质量热线：(010)81055316
反盗版热线：(010)81055315
广告经营许可证：京东工商广登字 20170147 号

团队介绍

王　涵（牛 MO 王）
艾　琦（aiki007）
张怡琪（张小碗儿）
刘　佳（残酷 de 乐章）

视界 · 无界：写给 UI 设计师的设计书 / 作者
众多设计大赛 / 评委
Adobe 认证 / 交互设计师
站酷十周年 / 十大人气设计师
站酷十周年 / 十大最酷团队
UI 中国 / 十佳 UI 设计师
网页设计联盟 / 十佳网页设计师
vivo Funtouch 全局主题设计大赛—— 一等奖
华为第一届全国设计天团大赛 UI 类—— 一等奖
华为全球第二届 UI 大赛—— 二等奖、推荐设计师奖
墨迹天气手机桌面插件设计大赛—— 二等奖、优秀奖
步步高 vivo 智能手机场景桌面设计大赛—— 二等奖
OPPO 手机主题设计大赛—— 三等奖
吉野家台历大赛—— 三等奖
华为 EMUI 全球手机主题设计大赛—— 大师风范奖、优秀奖
小米主题设计大赛—— 优秀奖
果壳电子智能手表 UI 设计征集—— 入围奖
康佳全球 UI 主题大赛—— 三等奖
百度桌面主题大赛—— 三等奖
魅族 Flyme 手机主题设计—— 最佳视觉奖
MIUI 年度荣誉主题—— 最美图标奖
华为花粉吉祥物设计大赛—— 特别纪念奖
新浪天气通第二届手机桌面插件设计大赛—— 优秀奖
360 全国 UI 设计大赛——二等奖、风格奖
联想乐檬 VIBE UI 手机主题设计大赛—— 一等奖、人气奖

前言

FOREWORD

　　亲爱的读者，你们好！我们是 BIGD 团队，一个很小的团队，只有 4 个人；但是在设计行业里的名气，相比规模要大很多。我们的团队曾在很多 UI 设计比赛中获奖，很多志同道合的小伙伴希望同我们一起交流。因此，我们于 2015 年 2 月开设了"BIGD 禁闲聊设计交流群"，群人数上限为 2000 人，结果从第 1 个群开设到了第 8 个群，也结识了非常多的小伙伴。

　　在交流群中，我们总是看到类似下面的对话场景。

　　"我想设计一个 iPhone 8 尺寸的界面，分辨率设置成 300dpi，这有什么错吗？ 300 dpi 分辨率才是高清标准啊！"

　　"我做了一套图标，然后给开发人员，后来被总监批评惨了，说我给的图标虚，尺寸也不对，我自己弄了半天也不知道为什么会虚，难道尺寸大小有什么规范吗？"

　　"图层样式不就是加个浮雕、阴影吗？那些默认效果也都不好看，这个有什么值得学的。自己设定数值？怎么设定啊？"

　　"做界面最难的就是从网上找素材，一套统一风格的图标难找，一个符合自己需求的插画难找，一个符合自己产品定位的启动图标就更是难上加难了！好不容易找到了，又侵权了！怎么办啊？"

　　"PS 不就是个修图软件吗，还能做界面？怎么做？怎么生成？怎么切图？"

　　……

　　类似上面的问题，几乎是每个初学者都会遇到的问题。为此，我们开设了在线 UI 直播课程，来帮助初学者解决基础问题。收费 4880 元，学时 3 个月。当时，我们团队 4 个人还在想，只要有 10 个人报名就开课，如果有 20 个人就更好了，所以新开了一个 QQ 群，名字叫作"BIGD 第一期在线直播"。这个群没有做任何的宣传工作，号码也没有留在任何地方。万万没想到，有一天一个叫智允的小伙子申请加入群，我们很意外，通过了申请并问他怎么知道这个号码的，他说是搜索 BIGD 群看到的。还没有宣传，就有一个人加入，我们心里也踏实了很多。更没有想到的是，陆陆续续申请的人更多了。

2015 年 7 月，BIGD 开设了第一期线上直播培训，在没有任何宣传的情况下，第一期 80 人名额就已经满了；2015 年 8 月初，我们开始了第二期的预约报名，意想不到的是，短短 90 秒的时间，80 个名额爆满，这让我们感到了莫大的荣幸，同样也体会到了巨大的责任。如何能够将知识更好地传授给他人，如何保证线上授课有趣、不枯燥，如何保证大家的自律性，如何让学习的内容和工作相结合，这些都是我们需要去解决的问题。

久而久之，我们发现了新的问题。第一是财务方面的问题，并不是每个人都能拿出 4000 多元的学费；第二是我们小班授课名额限制，每次 80 人，满了就不再招了，因为批改作业的质量必须要保证；第三，内容不能长期留存，好多回答过的问题，新人看不到，还要问第二次。于是，我们在网上做了很多售价几十块钱到几百块钱的视频课程，针对不同软件，如 Illustrator、Sketch、After Effects、Affinity、Adobe XD、C4D 等，最大的特点在于课程的不断更新和软件版本的不断更新，并成立了我们自己的课程网站"1x1PX – 小世界，大梦想"，在里面可以学习我们研发的视频教程。后来，很多用户和高校建议我们把一些重要的内容提炼出来形成一本书，因为书本更容易携带和收藏，这一点和在线课程是完全不同的。于是，我们开始策划一套与市面上不同的 UI 系列图书，包含软件基础、设计规范、交互设计、用户体验等 BIGD UI 四部曲。这四部曲的内容好比设计思维中的"点、线、面、体"，学会了软件基础的点，才能连成设计规范的线，进一步规范的线形成了交互设计的面，而最终交互设计的面变成了用户体验的体，完成这一系列的学习才有可能成为真正懂得 UI 设计的互联网设计师。而本书就是针对"软件基础"的第一部。虽然这套书会耗费我们巨大的精力，但是我们相信这是值得的。

对于书的内容，我们思考了很久，要让读者读完能够感受到这是一本有营养的书，所学内容能够被消化和吸收。因此，我们设置了"错误案例"和"优秀案例"，让初学 UI 的读者通过对比找到自己存在的问题；其次，加入了很多的理论知识与工作实践，让大家知道设计的成果该用在哪，该怎么去做；最后，加入了一些学生作品点评，让大家知道学会了本章内容以后，该如何发散思维。设计这些环节的目的就是希望读者在阅读后不是仅仅学会软件操作，而是学会 "设计"。

UI 的更新速度很快，需要时刻紧跟行业发展。比如，2015 年我们讲 iPhone 5 设计尺寸规范视觉展现方式，到了 2016 年就要讲 iPhone 6 的，2017 年开始讲 iPhone 7 Plus，2018 年要讲 iPhone X 的设计规范。再比如，2015 年流行的设计风格还是轻、重拟物，2016 年变成渐变与散光，2017 年变成 MBE 卡通断线，2018 年又是肌理插画。而软件的更新也相当频繁。所以说，如果想一套课程讲几年是不可能的，课件通常是 3 个月小更新，6 个月大更新，这样才能保证大家所学的知识与时俱进，而这也是我们做分享需要承担的责任。

BIGD 还在不断地学习和成长中，我们希望读者能够花更少的精力学到更有用的知识，希望读者通过学习本书能够喜欢上设计、爱上设计，同时也希望未来的产品界面设计中有各位读者的参与。如果读者的成功之路上有我们团队的陪伴，有这本书的帮助，那就是我们最大的荣耀。

最后，感谢每一份关注和支持！

BIGD 团队

2019 年 6 月

资源与支持

本书由数艺社出品，"数艺社"社区（www.shuyishe.com）为您提供后续服务。

配套资源

书中案例的源文件

在线教学视频

资源获取请扫码

"数艺社"社区平台，为艺术设计从业者提供专业的教育产品。

与我们联系

我们的联系邮箱是 szys@ptpress.com.cn。如果您对本书有任何疑问或建议，请您发邮件给我们，并请在邮件标题中注明本书书名及 ISBN，以便我们更高效地做出反馈。

如果您有兴趣出版图书、录制教学课程，或者参与技术审校等工作，可以发邮件给我们；有意出版图书的作者也可以到"数艺社"社区平台在线提交投稿（直接访问 www.shuyishe.com 即可），如果您是学校、培训机构或企业想批量购买本书或数艺社出版的其他图书，也可以发邮件给我们。

如果您在网上发现针对数艺社出品图书的各种形式的盗版行为，包括对图书全部或部分内容的非授权传播，请您将怀疑有侵权行为的链接通过邮件发给我们。您的这一举动是对作者权益的保护，也是我们持续为您提供有价值的内容的动力之源。

关于数艺社

人民邮电出版社有限公司旗下品牌"数艺社"，专注于专业艺术设计类图书出版，为艺术设计从业者提供专业的图书、U 书、课程等教育产品。领域涉及平面、三维、影视、摄影与后期等数字艺术门类；字体设计、品牌设计、色彩设计等设计理论与应用门类；UI 设计、电商设计、新媒体设计、游戏设计、交互设计、原型设计等互联网设计门类；环艺设计手绘、插画设计手绘、工业设计手绘等设计手绘门类。更多服务请访问"数艺社"社区平台：www.shuyishe.com。我们将提供及时、准确、专业的学习服务。

目录
CONTENTS

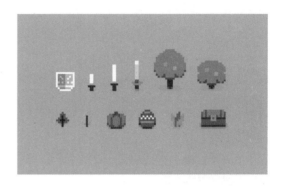

PART
01

1.1 UI 设计分类

UI 设计的种类很多，其中有几类是我们日常生活中最常见的和作为设计师最应该了解的。

1.1.1 GUI

图形用户界面（Graphical User Interface，缩写为 GUI）又称图形用户接口，是指采用图形方式显示的计算机操作用户界面。

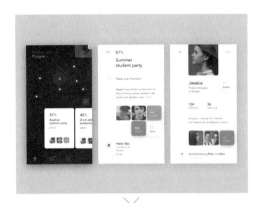

手机移动端 App 产品　　　　　　　　　　　　　电脑端产品

游戏操作界面　　　　　　　　　　　　　智能家电

图标设计　　　　　　　　　　　　　车载系统

数码产品

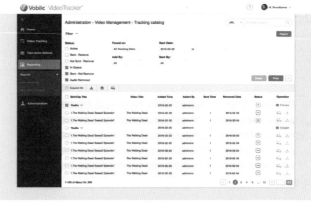

软件产品

1.1.2　WUI

WUI 是 Web User Interface 的缩写，即网页设计。

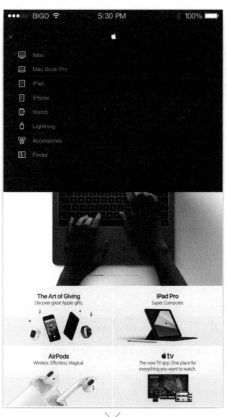

移动端网页

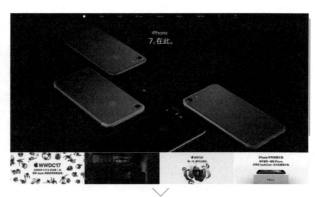

电脑端网页

H5 活动页面

1.1.3　IXD

Interaction Design 即交互设计，缩写为 IXD。交互设计定义的是人和机器的相互"交流行为"，机器包含软件设备，同时也包含硬件设备。交互行为是在两个或者多个个体之间进行相互配合，并且达到某种目的，而交互设计则是为了让整体过程更顺畅、更完善。

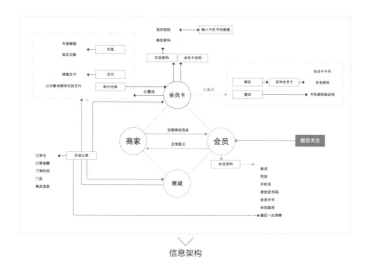

信息架构

交互原型图

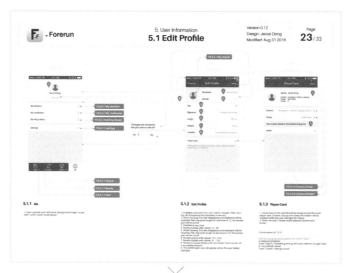

页面布局

1.1.4 UE/UX

User Experience 即用户体验，缩写为 UE/UX，是用户在使用产品的过程中建立起来的一种纯主观感受。

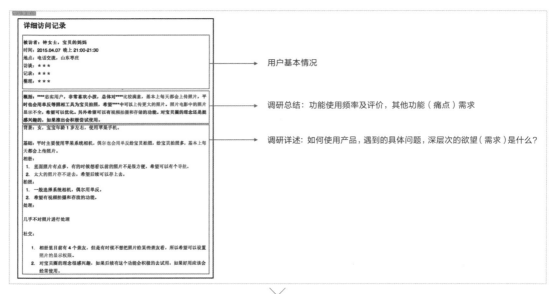

用户基本情况

调研总结：功能使用频率及评价，其他功能（痛点）需求

调研详述：如何使用产品，遇到的具体问题，深层次的欲望（需求）是什么？

用户调研

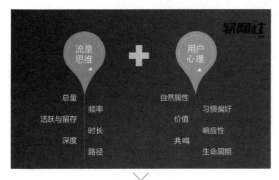

用户心理分析

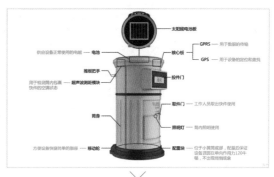

产品体验优化

思考并创造让用户喜欢的产品

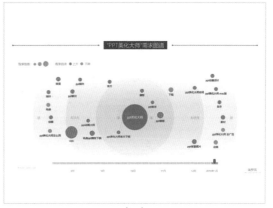

用户需求研究

👆 1.2 UI 设计理论常识

熟悉和了解了 UI 设计的分类以后，相信大家对 UI 已经有了一定的认识。UI 全称为 User Interface，意思是用户界面。它不仅仅是图标、移动端界面，还包括软件界面、硬件界面、特定的机器、设备和复杂工具等。

要更加理解 UI 这个词的含义，就要去深入了解什么是"人机界面"。人机界面一般可以分为两个层面，物理层面和精神层面。其中，物理层面包括视觉、触觉和听觉的内容，精神层面则包括心理和情感的内容。

UI 设计和其他设计不同，不是会用软件工具绘制几个图像，就称为 UI 设计了。它需要设计师具备大量的学科知识，包括认知心理学、设计学、语言学和统计学等，这些知识在界面设计中扮演着重要的角色。

本书将重点讲解如何提升视觉方面的能力，因为这是 UI 设计师应具备的重要能力之一。其次，在讲解视觉执行及软件操作的同时，还会介绍很多关于交互和心理方面的知识，让大家通过对本书的学习，能从一名"美工"变成可以独当一面的"UI 设计师"。

📖 1.3 UI 设计注意事项

UI 设计中需要注意 7 个事项，下面分别进行介绍。

1.3.1 清晰

清晰不仅仅是说作品的设计元素要棱角清晰分明，还包括布局、结构、色彩，确保用户看到设计时能够一目了然，明确设计师所要表达的，找到自己想要的。

1.3.2 简洁

减少不必要的设计。UI 设计和其他设计最大的不同是，能简化多少就简化多少，能做到多简洁就做到多简洁。因为 UI 设计是人机交互，确保人与机器的交互过程更快速、更方便，才是最重要的事情。

1.3.3 易用

一个好的 UI 设计应能让用户方便使用，简单使用，甚至达到"无脑使用"的程度。这里的"无脑使用"并不是贬义词，是指好的设计应该是让用户不需要思考、不需要猜疑、不需要查阅大量的阅读说明就能操作的设计。

1.3.4 适应

优秀的设计应该能适应各种环境、各种设备，甚至在不同分辨率下的表现都足够良好。目前虽然有响应式（响应式是指设计的网页在手机、平板设备、大显示器上都可以完整显示，并且自动适应不同的尺寸分辨率）技术的支撑，但是设计师在设计时也应将"适应"作为考虑重点，以确保后期灵活布局（灵活布局相当于每个界面和模块均可以进行自定义的移动、拖曳和组合）时的呈现效果。

1.3.5　统一

统一并不仅仅是指风格的统一，它还包括色彩的统一、线条的统一、操作方式的统一，甚至圆角度数的统一。可以说，一套好的设计是建立在有规则、有秩序的前提下的，而不是随意或者随心所欲进行的。

1.3.6　视觉

创作美的作品，是设计师的目标和愿望，但是要注意一点，美并不是纯艺术。这里的美所表达的是优化设计和追求完美的设计，而纯艺术从某种角度说则是无所顾忌的、只符合少数人的审美的艺术形式。产品和艺术之间有一定的共通点，却也有着不同之处。

1.3.7　识别

所谓识别，就是要准确地符合用户习惯。使用户看到这样的造型和色彩不会产生歧义，并且设计元素的语义表达完整、准确，能够辅助主体且便于用户的认知，确保用户不会产生过于复杂的联想。

🖥 1.4 UI 设计中的 Photoshop 设置技巧

在利用 Photoshop 做 UI 设计之前，我们需要针对软件工具进行设置，在"编辑 > 首选项"菜单命令中设置参数。

在弹出的"首选项"对话框中选择"工具"选项。

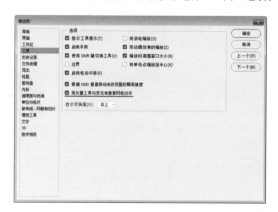

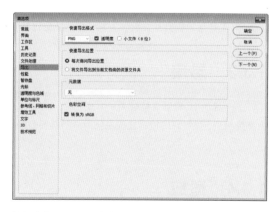

选择图中所显示选项，它们的功能在于使整数矢量图形元素不会虚化或者无法对齐像素块，避免出现虚边或模糊的情况。

新版本的 Photoshop 软件中，快速导出是一个非常好用的工具。设置为 PNG 格式会让快速导出功能更便捷。

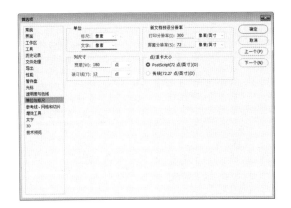

将标尺和文字单位改成像素，这样的设置更加符合 UI 设计的需求。

启用远程链接工具，并且设置一个服务器名称和密码，可以配合手机应用 Photoshop Play 等工具，实现使用手机观看电脑上的设计效果，这也是做 App 界面的必备条件。

PART

02

第 2 章　复古像素图标设计

2.1 像素图标在手游及网页 UI 设计中的应用场景

手机上应用的最早的图标就是像素图标，由于十几年前的屏幕显示分辨率有限，显示精度并没有现在的智能手机这么清晰。随着科技的发展，图标效果越来越出色，精度也越来越高，像素图标开始淡出时代。但是，从 2014 年开始，一些热门的手机游戏开始走复古像素风，并且引领了风潮。这说明"没有过时的设计，只有使用不当的设计"。

《flAppy bird》是颇具代表性的一款像素游戏，它利用非常简单的像素元素，打造出了最纯粹的娱乐方式。随后，像素游戏大量出现，我们经常会在手机应用商店中看到像素风格游戏。

同时，banner、广告、订阅号、海报、艺术插画都大批量采用像素设计风。因为这种设计门槛低，并且上手快，因此是 UI 设计入门的首选方式。

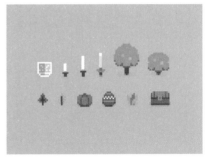

16 像素单位是像素设计中级别最小尺寸，虽然在移动端使用非常少（移动端最易点击范围为 44 像素），但是在网页端仍然有很多地方在使用。而在很多游戏 UI 界面中，16 像素单位的状态展示同样是必不可少的，其功能趋向于展示信息，而非点击。

🖐 2.2 像素图标设计注意事项

1 没有层次
2 出现虚边
3 像素设计出现了圆形
4 三角形使用错误

1 像素中圆形和三角形都是直角，使用纯像素拼接
2 没有出现虚边
3 使用1像素块或者1像素铅笔
4 有层次，有高光阴影等表现

📖 2.3 像素设计中不出现虚边的原理及技法

做圆形的时候使用直角拼接。

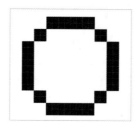

三角形使用1像素和2像素组合形式。

  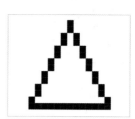

🖥 2.4 像素图标操作实例

下面讲解如何绘制像素图标。这类图标一般是成套出现的，这里会讲解 4 种像素图标。虽然只是很小的一枚图标，但其风格和特点还是各有不同的。

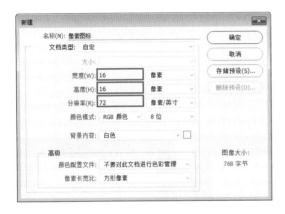

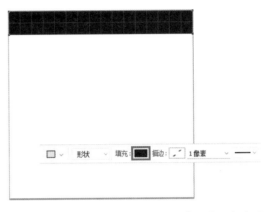

01 打开 Photoshop 软件，新建"像素图标"文档，设置"宽度"为 16 像素，"高度"为 16 像素，"分辨率"为 72，再单击"确定"按钮。

02 绘制杯子图标。单击"矩形工具"，然后在选项栏设置"填充"颜色为黑色。

---TIPS---

像素图标呈现的锯齿感正是其特点的体现。制作像素图标可以使用"铅笔工具"，但因为需要进行每 1 像素的绘制，过程麻烦并缓慢，所以该工具不常用。常用的工具为矢量工具，绘制标准又易于修改。

• 铅笔工具绘制 1 像素宽图形　　　　　　　　• 矩形工具绘制 1 像素宽图形

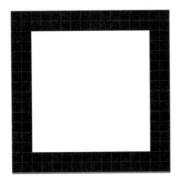

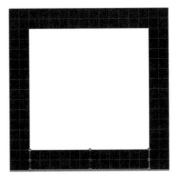

03 使用"矩形工具"在画布上绘制矩形。

04 绘制杯子缺口。选择画布下方的矩形，按快捷键 Ctrl+T 进入自由变换模式，将矩形进行缩放。

---TIPS---

没有直接使用"椭圆形工具"是因为在像素绘画中不会出现绝对的圆，因为绘制时会出现虚边。有马赛克和虚边存在就不能生成矢量图，所以使用其他方法绘制圆或圆弧。

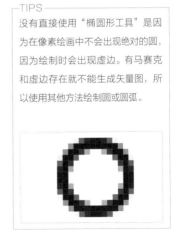

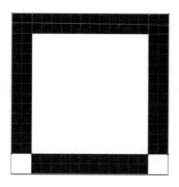
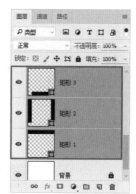

05 选择左右两边的矩形，按快捷键 Ctrl+T 进行缩放。

06 选中所有矩形图层，按快捷键 Ctrl+E 进行合并，修改图层名称为"轮廓"。

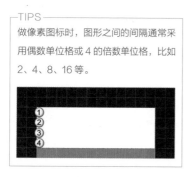
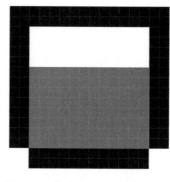

TIPS

做像素图标时，图形之间的间隔通常采用偶数单位格或 4 的倍数单位格，比如 2、4、8、16 等。

07 绘制杯里的水。新建"水"图层，使用"矩形工具"绘制矩形，设置"填充"颜色为（R:68，G:146，B:252）。

08 新建"亮部"图层，使用"矩形工具"在水上方绘制 2 像素的图像，设置"填充"颜色为（R:105，G:169，B:255）。

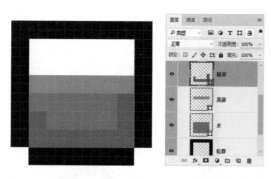
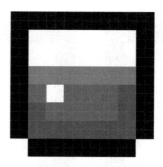
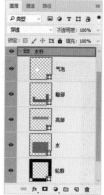

09 使用"矩形工具"绘制多个 2 像素的图像，然后选中绘制的矩形图层，按快捷键 Ctrl+E 进行合并，设置"填充"颜色为（R:51，G:121，B:215），再修改图层名称为"暗部"。

10 新建"气泡"图层，然后在"杯子"中绘制方形，接着在选项栏设置"填充"为白色，再选中所有图层，按快捷键 Ctrl+G 进行编组，最后修改组名称为"杯子"。

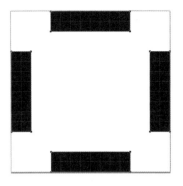

11 绘制警告图标。新建图层，使用"矩形工具"绘制图形。

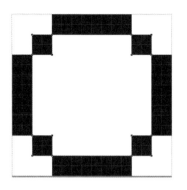

12 使用"矩形工具"在矩形中绘制图形，选中所有图层，按快捷键 Ctrl+E 进行合并，修改图层名称为"边框"。

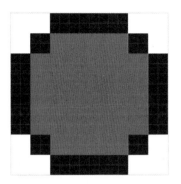

13 新建"填充色"图层，使用"矩形工具"绘制图形，设置"填充"颜色为（R:254，G:87，B:87）。

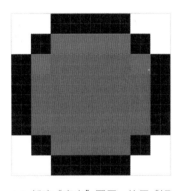

14 新建"高光"图层，使用"矩形工具"绘制图形，设置"填充"颜色为（R:255，G:107，B:107）。

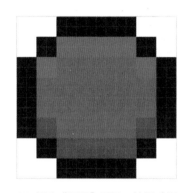

15 新建"阴影"图层，使用"矩形工具"绘制图形，设置"填充"颜色为（R:225，G:59，B:59）。

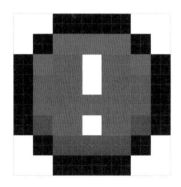

16 新建"叹号"图层，使用"矩形工具"绘制图形，设置"填充"颜色为白色。

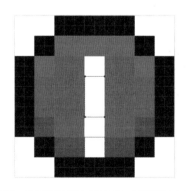 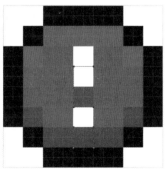

17 复制"叹号"图层，然后将图形向下拖曳，接着双击复制图层，设置"填充"颜色为（R:225，G:59，B:59），再修改图层名称为"叹号投影"。

18 按快捷键 Ctrl+G 将绘制的"叹号"图层编组，最后修改组名称为"警告"。

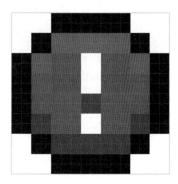

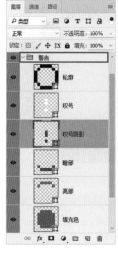

TIPS

复制图层除了可以采用选择右键菜单栏选项和按快捷键 Ctrl+J 的方式外，选中需要复制的图层，按住 Alt 键向下拖动，也可以复制该图层。

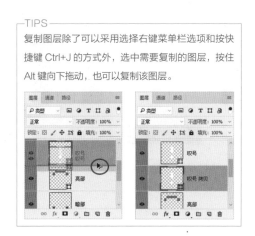

TIPS

使用"直接选择工具"可以选择矢量图形的锚点，比使用"路径选择工具"更加灵活。若要进行修改，使用"直接选择工具"框选需要的锚点就可以了。

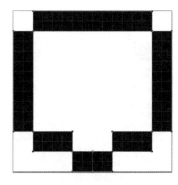

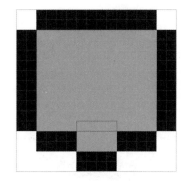

19 绘制发言图标。使用"矩形工具"绘制图形，按快捷键 Ctrl+E 进行合并，修改图层名称为"轮廓"。

20 新建"填充色"图层，使用"矩形工具"绘制图形，在选项栏设置"填充"颜色为（R:96，G:193，B:53），再将图层移动到"外框"图层下方。

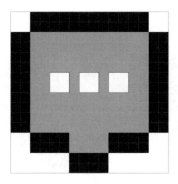

21 使用"矩形工具"绘制图形，然后设置"填充"颜色为白色，接着选中绘制的图层，按快捷键 Ctrl+G 将绘制的图层成组，修改组名称为"消息"。

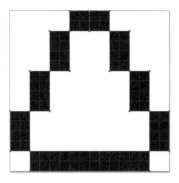

22 绘制饭团图标。新建"外框"图层，使用"矩形工具"绘制图形。

—TIPS———

选中需要复制的图形，按住 Alt 键拖曳到需要的位置后，图形就会复制一份。需要选中多个图形时，按住 Shift 键，使用"路径选择工具"或"直接选择工具"进行选择即可。

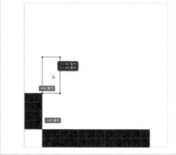

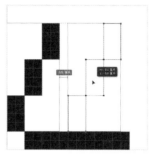

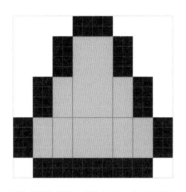

23 新建"填充色"图层，使用"矩形工具"在外框内绘制多个图形，设置"填充"颜色为（R:99，G:253，B:202），再选中绘制的所有图层按快捷键 Ctrl+E 进行合并。

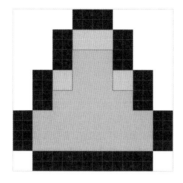

24 新建"高光"图层，使用"矩形工具"绘制图形，设置"填充"颜色为（R:255，G:214，B:116）。

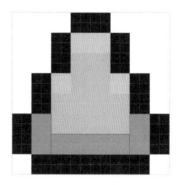

25 新建"阴影"图层，使用"矩形工具"绘制图形，设置"填充"颜色为（R:237，G:166，B:53）。

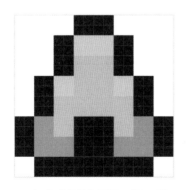

26 新建"紫菜"图层，使用"矩形工具"绘制图形，设置"填充"颜色为黑色，并将图形垂直居中。

—TIPS———

我们可以使用"分布工具"准确调整图形的位置。首先按快捷键 Ctrl+A，此时画布上会出现虚线，再选中需要调整位置的图形所在的图层，接着单击"移动工具"，并在选项栏中选择"水平居中对齐"，图形就居中了。

27 像素图标绘制完成。

总结　　绘制像素图标时，一定要注意图标的立体感、形象感和清晰度，采用矢量工具，添加高光和阴影增加立体感。按照上述要求多多练习，自然可以熟能生巧。

🧠 2.5 拓展练习

笔记心得

总体来说，像素图标的绘制难度不大，只需要矩形工具就可以完成，简单易上手。但还是要注意一些问题，就是没有为图标增加高光和阴影效果，绘制出来的图标显得特别平淡。

拓展练习

作业点评

Ann 同学的作业基本达到了 90% 的相似度，也达到了系列图标风格一致的要求，并呈现出了图标的立体感。

PART

03

第 3 章　App 产品界面中的重要元素功能图标设计

3.1 功能图标在 App 中的应用场景

功能图标可以说是目前 UI 设计中必不可少的元素，它的主要功能是将界面中的信息图形化，以加深用户路径记忆和加强用户信息识别。

以手机为例，几乎所有界面都设有功能图标，尤其是个人设置界面和功能类别繁多的界面中，设置功能图标是非常必要的。在 UI 设计工作中，设计功能图标已经成为设计师的常规工作。而功能图标的设计水平也体现了设计师的能力。另外，在求职的时候，关于功能图标的设计经验和能力也是简历中的必备项。

不同的 App 产品，功能图标所占数量也不同。根据 App 产品的性质不同，少则十几个功能图标，多则几十个。

如下图所示，优酷的分类图标设计得就非常有创意，在类别繁多的情况下依然能够保持良好的识别度，对颜色的使用可圈可点，将优酷的主题颜色——蓝和红体现得淋漓尽致。

目前，以线下服务为目的的产品越来越多，功能类别也越来越多，例如支付宝的功能分类，如果只使用文字会很难辨识，在这里，功能图标的意义就更加重要了。

设计功能图标时，新手往往会出现下图中的错误，就是做得复杂、充满故事性、图形随意，这是违背了功能图标的基本设计原则的。比如火焰的表达，是不需要木柴等其他元素的；楼梯同样不需要重复很多次，3 个阶梯足以表达准确；雷电和云彩应使用规则图形，不应随意勾勒，等等，以上这些违背了功能图标的基本原则。

功能图标设计有 3 大原则，简洁、规则、统一。重点在于简洁，语义层准确，表达清晰，图形规则有序，线条风格统一。功能图标不需要每一个都像 logo 那样有创意、有内涵、有寓意，它的基本功能就是辅助信息分类。总而言之，简单易懂才是功能图标的重要设计精髓。

32 像素和 36 像素单位是 App 中常见的功能图标尺寸，我们知道，目前的触屏手机最佳范围是 44 像素，但是如果将图标充满 44 像素，会太过于饱满。常规做法是，肉眼能识别的视觉尺寸采用 36 像素，而肉眼看不到的切图点击范围采用 44 像素，这也是我们在设计功能图标时的一个技巧。

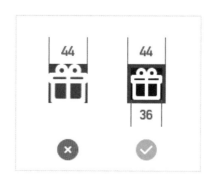

3.2 功能图标设计注意事项

1 圆角和描边粗细不统一
2 图形不规则，比如礼物的丝带
3 没有居中对齐，比如积分

1 图标极简
2 语义层表达准确
3 图形规则，逻辑严谨
4 风格统一，线条统一

3.3 功能图标设计的描边法

目前，功能图标的常用制作方法有两种，各有利弊。一是布尔运算法，该方法相对比较高级，特点是使用稳定并且造型变化空间大；二是描边法，该方法非常简单，适合轻量级设计，但是锚点过多，生成的图标在使用过程中容易出现问题，非常有局限性。描边法不是利用图层样式的描边来实现，而是使用截图中的工具。

🖥 3.4 36×36 尺寸功能图标操作实例

01 按快捷键 Ctrl+N 新建一个空白文档，大小为 36 像素 ×36 像素。

02 新建一个"钱包"组，选择"圆角矩形工具"，在画布中单击鼠标创建一个圆角矩形，大小为 36 像素 ×32 像素，"半径"为 2 像素，在选项栏设置"填充"颜色为（R:184，G:189，B:192）。

03 使用"圆角矩形工具"在画布中间创建一个相同颜色的小圆角矩形，大小为 28 像素 ×24 像素，"半径"为 1 像素，再将这两个图层合并。

04 使用"路径选择工具"选中小矩形，单击选项栏的"路径操作"按钮，选择"减去顶层形状"选项，得到矩形框。

05 使用"圆角矩形工具"创建一个相同颜色的矩形，大小为 22 像素 ×16 像素，"左上半径"和"右下半径"均为 7.5 像素，拖曳到矩形框中靠右的位置。

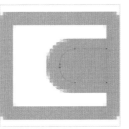

06 将矩形在原位置复制粘贴一份，等比例缩小到原矩形中间，再使用与步骤 04 相同的方法"减去顶层形状"，得到小矩形框。

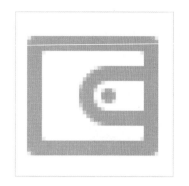

07 使用"椭圆形工具"在小矩形框中绘制一个大小为4像素×4像素的圆形,再选中组内所有图层,按快捷键Ctrl+E合并,完成"钱包"图标的绘制。

08 新建一个"我的订单"组,选择"圆角矩形工具",在画布中单击鼠标创建一个圆角矩形,大小为32像素×34像素,"半径"为2像素,在选项栏设置"填充"颜色为(R:184,G:189,B:192)。

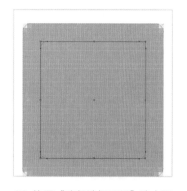
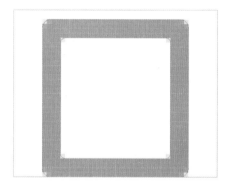

09 使用"路径选择工具"选中圆角矩形,在原位置复制粘贴一份,调整大小为24像素×26像素。

10 使用"路径选择工具"选中小圆角矩形,单击选项栏的"路径操作"按钮,选择"减去顶层形状"选项,得到矩形框,最后在"属性"对话框中设置"半径"为1像素。

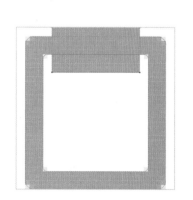
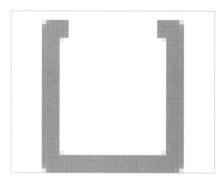

11 使用"矩形工具"在圆角矩形上边线中间绘制一个矩形,大小为20像素×10像素,再将这两个图层合并。

12 使用"路径选择工具"选中矩形,单击选项栏的"路径操作"按钮,选择"减去顶层形状"选项,得到矩形框。

13 使用"圆角矩形工具"在上边线的空白处的中间绘制一个圆角矩形,大小为12像素×4像素,"半径"为2像素。

14 使用"椭圆形工具"在画布中绘制一个大小为4像素×4像素的圆形,拖曳到合适位置。

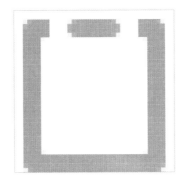 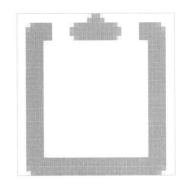

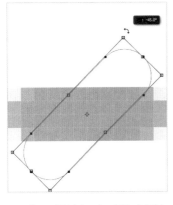

15 使用"圆角矩形工具"在画布中绘制一个圆角矩形,大小为12像素×4像素,"半径"为10像素,按快捷键Ctrl+T进行自由变换,将其旋转−45度,按Enter键确定。

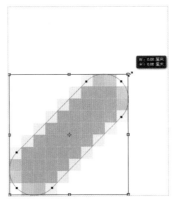

16 进行自由变换,将对象的宽和高调整为0.08厘米,按Enter键确定。

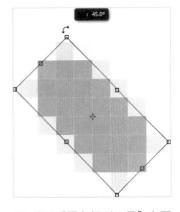

17 使用"圆角矩形工具"在画布中绘制一个圆角矩形,大小为8像素×4像素,"半径"为10像素,按快捷键Ctrl+T进行自由变换,将其旋转45度,按Enter键确定。

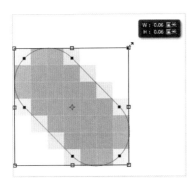 

18 进行自由变换,将对象的宽和高调整为0.06厘米,按Enter键确定,再拖曳到前面绘制的倾斜对象旁边,形成对勾的形状。

19 将对勾所在的两个图层合并,按快捷键Ctrl+A全选对勾,再单击选项栏中的"垂直居中"按钮和"水平居中"按钮,使其处于画布中间。选中组内所有图层,按快捷键Ctrl+E合并,完成"订单"图标的绘制。

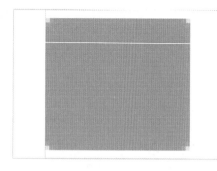

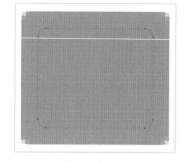

20 新建一个"我的卡券"组，选择"圆角矩形工具"，在画布中间单击鼠标创建一个矩形，大小为36像素×32像素，"半径"为2像素，在选项栏设置"填充"颜色为（R:184，G:189，B:192）。

21 将矩形在原位置复制粘贴一份，调整大小为28像素×24像素。

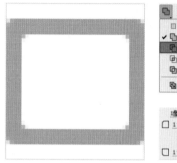

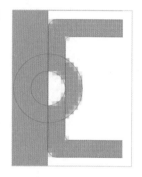

22 使用"路径选择工具"选中小矩形，单击选项栏的"路径操作"按钮，选择"减去顶层形状"选项，得到矩形框，最后在"属性"对话框中设置"半径"为1像素。

23 使用"椭圆形工具"绘制一个大小为16像素×16像素的圆，拖曳到圆角矩形左边线中间。将其在原位置复制粘贴一份，调整大小为8像素×8像素。将所有图层合并，单击选项栏的"路径操作"按钮，选择"减去顶层形状"选项。

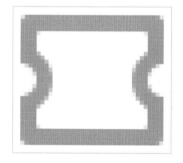
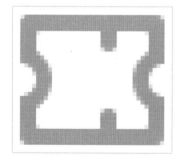
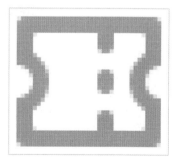

24 将步骤23制作完成的圆圈复制粘贴一份，水平移动到右边线中间相同的位置。

25 使用"圆角矩形工具"在画布中绘制一个立着的圆角矩形，大小为4像素×9像素，"半径"为2像素，将其拖曳到圆角矩形框的边线上，使其距离右边线12像素。将该对象复制一份，垂直平移到下边线相同的位置。

26 复制圆角矩形对象，垂直拖曳到两个圆角矩形中间，调整大小为4像素×6像素，再选中组内所有图层，按快捷键Ctrl+E合并，完成"卡券"图标的绘制。

PART

04

第 4 章　产品界面中的天气图标设计

4.1 天气图标在产品中的应用场景

一些旅游类产品或综合类产品会设置天气版块为用户提供出行建议。这类版块的 UI 设计追求简洁的设计风格，因为其重点在于辅助文字信息的展示。

很多产品会将天气图标拟人化，赋予情感，增加趣味性，从而吸引用户，提升产品黏性。设计师通常会在一个图层内叠加多个图层样式，从而增强设计的质感，这样的好处是减少图层设置的烦琐，方便进行归档整理。

在 UI 设计中，96 像素单位同样是比较常用的尺寸单位。当我们需要一些图标、图形等用于辅助视觉设计，同时又希望它能够有一定的突出效果，且不占据特别多的空间位置，那么 96 像素单位是最适合的。

4.2 一层流图层样式设计注意事项

1. 只有一个图层样式，缺少质感
2. 配色太过随意，细节表现不好，比如水滴
3. 眼神刻画呆板

1. 一个图层下多种效果叠加实现质感提升
2. 白色胡子会受到环境光影响，但投影并不显脏
3. 汗水通过简单一层流实现，效果很好

4.3 复数图层样式设计实用技巧

在 Photoshop2017 中，大大增加了图层样式的使用方式，通过单独一种样式不断叠加，从而产生更为强大的一层流，也证明 Adobe 在不断改进设计中减少图层烦琐的问题，优化和减少这些操作复杂性。图层样式的叠加最多增加到 10 个，但是已经足够使用了。

📺 4.4 天气图标操作实例

下面讲解如何绘制天气图标，注意不要采用单一的表现方式，要加入一些情感化的元素，就像这个太阳图标，并不是通过简单的纯白色来体现，而是融入了很多具有质感的效果。

01 新建"天气图标"文档，设置"宽度"为 96 像素，"高度"为 96 像素，"分辨率"为 300，再单击"确定"按钮。

TIPS
因为世界上不会出现极黑或极白的元素，所以在设计时，我们要尽可能地避免采用纯白色和纯黑色。

02 设置"背景色"为（R:57，G:52，B:70），按快捷键 Alt+Delete 进行填充。

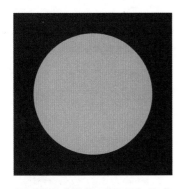

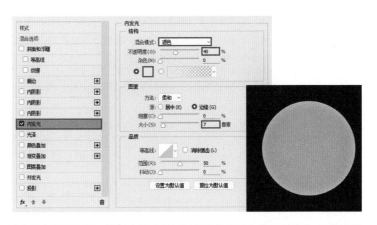

03 使用"椭圆形工具"按住 Shift 键绘制 72 像素的圆形，在选项栏设置"填充"颜色为（R:250，G:202，B:85），再将圆形居中画布放置。

04 双击圆形图层，然后在弹出的对话框中选择"内发光"选项，设置"混合模式"为"滤色"，"不透明度"为 40%，"大小"为像素 7，再设置"颜色"为（R:255，G:248，B:170）。

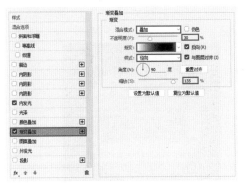

TIPS

对于卡通形象，通常眼睛的位置越偏上角色越显得无神，越偏下越俏皮。

• 呆滞

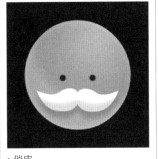

• 俏皮

05 选择"渐变叠加"选项，然后设置"混合模式"为"叠加"，"不透明度"为30%，"样式"为"径向"，"角度"为90度，再设置"渐变"颜色从（R:152，G:152，B:152）、（R:3，G:0，B:0）到白色，接着将圆向右上方拖曳，单击"确定"按钮。

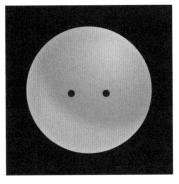

06 使用"椭圆形工具"绘制4像素的圆形，然后设置"填充"颜色为（R:94，G:70，B:20），再按住 Alt 键水平向右复制一份。

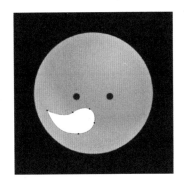

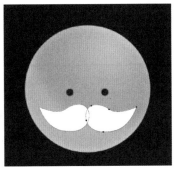

07 使用"钢笔工具"绘制胡须，然后使用"直接选择工具"调整锚点和大小，并设置"填充"颜色为白色。

08 将图形水平向右复制一份，然后按快捷键 Ctrl+T 进行"水平翻转"，接着选择绘制的两撇胡须，按快捷键 Ctrl+E 合并。

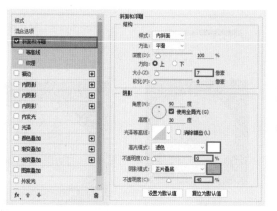

09 双击图层，然后在弹出的对话框中选择"斜面和浮雕"选项，设置"大小"为 7 像素，再设置"高光模式"的颜色为白色，"不透明度"为 0%，"阴影模式"的颜色为（R:250，G:205，B:90），"不透明度"为 40%。

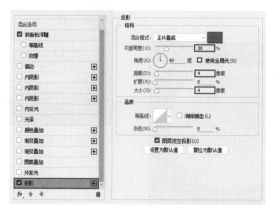

10 选择"投影"选项，然后设置"不透明度"为 30%，"角度"为 90 度，"距离"为 4 像素，"大小"为 4 像素，接着设置投影"颜色"为（R:221，G:108，B:7），并去掉"使用全局光"选项，最后单击"确定"按钮。

11 新建"红脸蛋"图层，然后使用"椭圆形工具"绘制圆形，设置"填充"颜色为（R:255，G:100，B:70）。

12 在图层的"属性"面板中单击"蒙版"选项，设置"羽化"为 4 像素。

TIPS

在 Photoshop CC 2015 中，矢量图形的属性"蒙版"可以直接为图形进行羽化，并且不会损坏矢量图形本身。

13 将"红脸蛋"水平向右复制一份，然后选中绘制的脸蛋图层，按快捷键 Ctrl+E 进行合并，接着将图层移动到"胡须"图层下方。

14 新建"汗滴"图层，使用"钢笔工具"绘制图形，设置"填充"颜色为白色，再设置图层的"填充"为 20%。

TIPS

图层的"不透明度"选项控制本图层的整体不透明属性，包括图层中的形状、像素以及图层样式，而"填充"选项只影响图层中绘制的像素和形状的不透明度，这是两者最大的区别。

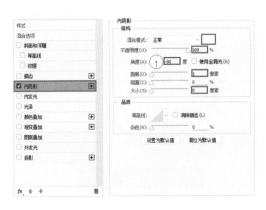 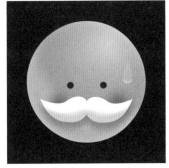

15 双击"汗滴"图层，然后在弹出的对话框中选择"内阴影"选项，设置"不透明度"为 100%，"角度"为 -90 度，"距离"为 1 像素，"大小"为 0 像素。

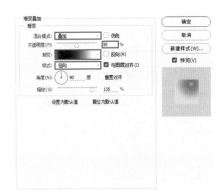  

16 选择"渐变叠加"选项，然后设置"混合模式"为"叠加"，"不透明度"为 50%，"样式"为"径向"，再设置"渐变"颜色从（R:152，G:152，B:152）、（R:3，G:0，B:0）到白色。

17 选择"投影"选项，然后设置"不透明度"为60%，"距离"为2像素，"大小"为4像素，再设置"颜色"为（R:221，G:108，B:7），接着单击"确定"按钮，至此，天气图标绘制完成。

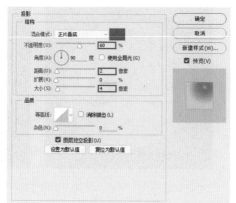 

笔记心得

保存透明度贴图时，需要保证图标为无背景状态。所以绘制完成后，通常会把"背景"图层删掉或者隐藏。而保存格式时，选择 PNG 格式即可。

本章重点讲解的是图层样式效果，它能让图标更加立体、俏皮，其次讲解的是"钢笔工具"的"锚点"的使用方法，包括如何选择及调整描点。相关知识在后续章节会进行详细讲解。

4.5 拓展练习

拓展练习一

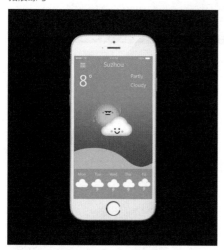

作业点评

图为小写同学的作品，虽然对于太阳和云彩使用的图层样式较少，但是将表情设计得很到位，赋予了太阳和云彩情感，并且将太阳和云彩的表情进行了对比，趣味性强。

拓展练习二

作业点评

图为小罗同学的作品，将表情和汗滴元素运用到了状态页面中，并且与箱子元素进行了很好的融合。表情的处理尤其到位，用简单的图形及线条很好地表现出了情绪，并且非常具有规则化。

PART

05

第 5 章　界面中的卡通风格元素设计

📱 5.1 卡通风格设计的应用场景

近年来，卡通风格的设计日趋流行，在启动页、引导页、状态页面、官方网站、产品网站等均有出现。卡通风格的设计关键在于色彩的把控以及造型的控制。

卡通风格的特点在于平易近人，具有活力，不死板。采用卡通风格可以让设计看起来更有趣味性，对于面向年轻用户的产品来说，这种设计更符合用户的喜好。

 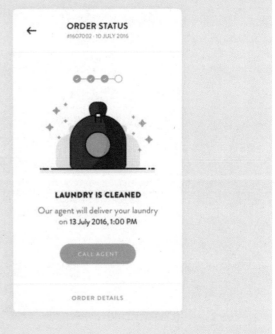

以前流行的"大气风格"已经不太适合当下年轻用户的口味了。当然，设计风格是随着时间的推移不断变化的，今年流行的风格可能明年就被嫌弃了。因此，了解各种风格的设计思路和技法，才是设计师最该做的。

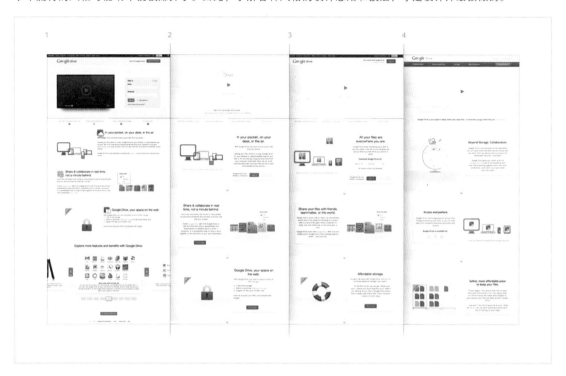

尤其是网页设计，网页设计分为互动设计师设计（追求视觉和技术为主）它也是 UI 设计中的一部分（WUI 即是：Web UI designer），目前绝大部分网站都会使用色彩鲜明的风格，这样也是为了让产品增加和用户的亲密度。

在网页和 App 界面中，128 像素单位被广泛用于制作首页主导航工具。在这样的像素单位内进行设计，可以创造更多的惊喜。

👆 5.2 卡通风格设计中的配色注意事项

1️⃣ 色彩饱和度过高

2️⃣ 没有圆角作为点缀，看起来尖锐

3️⃣ 卡通风格不需要虚化的投影

1️⃣ 色彩柔和

2️⃣ 有圆角和条纹作为点缀

3️⃣ 去掉了不必要的投影、发光等点缀

📖 5.3 128x128 尺寸卡通笔记本操作实例

01 新建文档。打开 Photoshop 软件，新建"卡通笔记本"文档，设置"宽度"为 128 像素，"高度"为 128 像素，"分辨率"为 300，再单击"确定"按钮。

02 创建标尺。新建一个图层，然后使用"选框工具"沿着画布左侧边缘绘制一个矩形框，大小为 16 像素 × 128 像素，并随意填充一种颜色（这里填充黑色），取消选择后将矩形复制一份，水平拖曳到画布右侧。

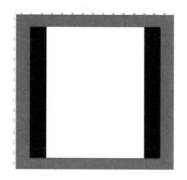

03 选中步骤02创建的两个图层，按快捷键 Ctrl+E 合并为一个图层，并命名为"间距"，然后按快捷键 Ctrl+G 将合并后的图层编组，再修改组名称为"标尺"。

04 按快捷键 Ctrl+R 打开标尺，然后在黑色矩形边缘创建两条垂直的参考线，再隐藏"标尺"组。

05 绘制封面。使用"圆角矩形工具"在画布中创建一个圆角矩形，大小为 88 像素 ×128 像素，然后按快捷键 Ctrl+A 全选画布，接着选择"移动工具"，再单击属性栏中的"水平居中对齐"按钮和"垂直居中对齐"按钮，将圆角矩形调整到画布中间。

06 在"属性"面板中设置矩形的"填充"颜色为（R:207，G:81，B:99），然后单击"将角半径值链接到一起"按钮，取消链接，接着设置"左上角半径"和"左下角半径"为 0 像素，"右上角半径"和"右下角半径"为 4 像素。

07 使用"路径选择工具"选中圆角矩形，然后在属性栏设置"描边"颜色为（R:84，G:47，B:52），"宽度"为 4 像素，"对齐"为"外部"，接着修改该图层名称为"封面"。

08 绘制封面纹理。使用"矩形工具"在页面中绘制矩形条，大小为 4 像素 ×120 像素，颜色为（R:84，G:47，B:52），然后水平复制多份，每份间隔为 4 像素。

09 选中步骤 08 创建的图层，并将其命名为"封面纹理"，然后按快捷键 Alt+Ctrl+G 将其创建为"封面"图层的剪贴蒙版，接着调整图层的"不透明度"为 10%。

10 绘制封签。使用"矩形工具"在页面中绘制矩形，大小为 44 像素 ×20 像素，颜色为（R:222，G:211，B:212），然后移动矩形，使其距红色矩形的右边缘 14 像素、上边缘 24 像素。

11 使用与步骤 07 相同的方法为矩形描边，颜色为（R:84，G:47，B:52），"宽度"为 4 像素，"对齐"为"外部"，然后修改该图层名称为"封签"。

12 绘制文字。使用"矩形工具"在画布中绘制矩形条，大小为 34 像素 ×4 像素，颜色为（R:188，G:171，B:173）。

13 使用"路径选择工具"选中绘制的矩形条，然后按住快捷键 Alt+Shift 水平向下拖曳复制两份，拖曳距离为 4 像素，接着分别调整大小为 6 像素 ×4 像素和 20 像素 ×4 像素，再修改该图层名称为"文字"，最后按快捷键 Alt+Ctrl+G 将其创建为"封签"图层的剪贴蒙版。

14 绘制书脊。使用"矩形工具"在画布中绘制矩形，大小为12像素×120像素，颜色为（R:124，G:88，B:93）。

15 使用与步骤07相同的方法为矩形描边，颜色为（R:84，G:47，B:52），"宽度"为4像素，"对齐"为"外部"，然后修改该图层名称为"书脊"。

16 绘制书脊纹理。使用"矩形工具"在书脊上绘制矩形，大小为8像素×20像素，颜色为（R:84，G:47，B:52），然后按住Alt键垂直向下拖曳复制两份，每份间距为4像素，再选中这些矩形按快捷键Ctrl+E将其合并，最后修改图层名称为"书脊纹理"。

17 绘制"封包"。使用"矩形工具"在页面中绘制矩形，然后在"属性"面板中设置大小为32像素×32像素，"填充颜色"为（R:124，G:88，B:93），"描边颜色"为（R:84，G:47，B:52），"描边宽度"为4像素，"对齐"为"外部"，"左上角半径"和"左下角半径"为4像素，"右上角半径"和"右下角半径"为1像素。

18 绘制"装订线"。将步骤17绘制完成的"封包"复制一份，并调整好大小和位置，然后在"属性"面板中设置描边宽度为1像素，接着单击"设置描边类型"按钮，在打开的"描边选项"对话框中勾选"虚线"选项，设置"虚线"为0，"间隙"为2。

19 修改复制图层的名称为"装订线"，然后按快捷键 Alt+Ctrl+G 将其创建为"封包"图层的剪贴蒙版。

20 绘制"圆扣"。使用"椭圆形工具"在距离左边装订线 2 像素的位置绘制圆形，大小为 8 像素 ×8 像素，颜色为（R:222，G:211，B:212），然后修改图层的名称为"圆扣"，接着选中该图层和"封包"图层，单击属性栏中的"垂直居中对齐"按钮，使"圆扣"位于"封包"的垂直居中位置。

5.4 拓展练习

拓展练习一

作业点评

图为小韵同学的作品，采用粗线条和柔和的色彩来表现卡通人物，元素风格统一，没有出现棱角，整体设计效果非常完美。

拓展练习二

作业点评

图为小楠同学的作品，无论是物品还是动物都达到预期效果，可爱并且体现出了特点。有一点需要注意，笔记本是轻微仰视的效果，而冰箱是 45 度俯视效果，放在一起显得冲突，建议统一视觉效果。

PART

06

第 6 章　轻拟物设计

6.1 轻拟物风格的应用场景

　　轻拟物设计风格是近几年非常流行的风格，这种风格游走于追求质感、光影、细节的拟物化设计风格和追求简约、创意的扁平化设计风格之间，其作品别具一格。

　　虽然苹果手机的 UI 多采用扁平化设计，但苹果电脑还是以轻拟物设计居多。其他品牌的产品也多是如此，所以我们在电脑端的界面中见到的这类元素更多。

　　以杀毒软件为例，无论是苹果系统还是 Windows 系统都在采用轻拟物风格的设计，这样的设计风格更符合大屏幕下的用户的视觉感受，并且极易辨别，增加图标的语义层的表现力。

　　以锤子手机的 UI 设计为例，笔者认为其从拟物化风格转为轻拟物风格是一次正确的转变。轻拟物设计处于拟物设计和扁平化设计风格之间，它不需要完全模拟现实生活中的真实物体材质、质感和光影等，也不需要完全去虚拟和抽象地创造图形语言，在创意上更加自由。

　　256 像素单位多用于表现手机主题或重要的图标，在闪屏页面上也有一席之地。

☝ 6.2 轻拟物风格设计中的色彩注意事项

✕

1 太多正片叠底形成的黑色阴影
2 周围没有环境色影响
3 质感表现太过生硬

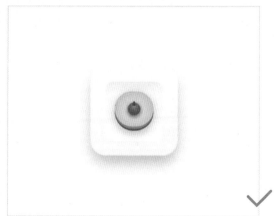

✓

1 光影柔和，有环境色影响
2 背景不是纯白色，更加舒服
3 整体简洁干净，意义表达准确

📖 6.3 白色质感的控制技巧

　　白色是我们最常见和最常用的颜色之一，但是在设计中，白色并不是万能色，尤其是在轻拟物、渐变色风格的设计中。世界上没有任何物体是纯黑和纯白的，所以，在设计时为了让物体看起来更加简洁、干净，就应该避免使用纯白色，而使用稍受环境色影响的"白色"。比如 6.4 节实例中盘子的色值就是盘子的本身色，正是因为有了蓝色的加入才让它显得如此的干净。

　　对盘子的质感的表达也是如此，尽量不要使用图层样式默认的设置，多利用正常模式和环境光的结合。比如，不是使用黑色或灰色来表现盘子的厚度，而是使用加入了蓝色的灰度，这样看起来更加的真实。在轻拟物设计中，切记白色要结合周围的色来使用，这样才能确保整体统一，元素不突兀。

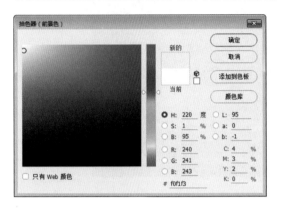 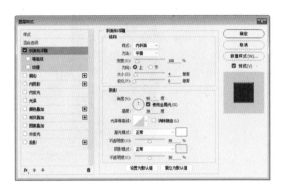

🖥 6.4 256x256 尺寸轻拟物水果盘操作实例

01 新建文档。打开 Photoshop 软件，新建"水果盘"文档，设置"宽度"为800像素，"高度"为800像素，"分辨率"为 300，再单击"确定"按钮。

02 双击"背景"图层，打开"图层样式"对话框，单击"颜色叠加"选项，设置"混合模式"的颜色为（R:248，G:246，B:242）。

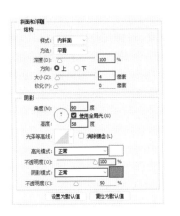

03 绘制盘底。使用"圆角矩形工具"在画布中绘制一个圆角矩形，大小为 256 像素 ×256 像素，半径为 44 像素，然后填充颜色为（R:240，G:241，B:243），再将图层命名为"盘底"。

04 双击"盘底"图层，打开"图层样式"对话框，单击"斜面和浮雕"选项，设置"深度"为100%，"大小"为 4 像素，"角度"为 90 度，"高度"为 58 度，"高光模式"为"正常"，"不透明度"为100%，"阴影模式"为"正常"，"阴影模式"的颜色为（R:165，G:171，B:185）。

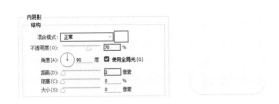

05 单击"内阴影"选项，设置"混合模式"为"正常"，"颜色"为白色，"不透明度"为70%，"距离"为 2 像素。

06 单击"渐变叠加"选项，设置"混合模式"为"柔光"，"不透明度"为40%，"渐变"颜色为（R:23，G:54，B:86）到白色。

07 单击"投影"选项，设置"混合模式"为"正常"，"颜色"为（R:165，G:173，B:181），"不透明度"为70%，"距离"为 24 像素，"大小"为 48 像素。

08 制作凹陷效果。使用"圆角矩形工具"在画布中绘制一个圆角矩形，大小为 168 像素 ×168 像素，半径为 22 像素，然后填充颜色为（R:240，G:241，B:243），再将图层命名为"盘底凹陷"。

09 双击"盘底"图层，打开"图层样式"对话框，单击"斜面和浮雕"选项，设置"深度"为80%，"大小"为30像素，"角度"为90度，"高度"为58度，"高光模式"为"正常""高光模式"的颜色为（R:180，G:196，B:203），"不透明度"为10%，"阴影模式"为"正常"。

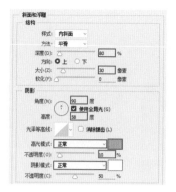

─TIPS─

在已经有图形添加了"图层样式"的前提下，若要为其他图层添加"图层样式"，可以将现有的"图层样式"复制到新图形上，然后进行更改。

复制的方法有两种。

第1种：按住 Alt 键，使用鼠标拖动图层末尾的"图层样式"图标到需要添加的图层上。

第2种：在添加了"图层样式"的图层上面单击鼠标右键，然后选择"拷贝图层样式"命令，接着在需要添加"图层样式"的图层上面单击鼠标右键，选择"粘贴图层样式"命令。

10 单击"内阴影"选项，设置"混合模式"的颜色为（R:182，G:196，B:207），"不透明度"为20%，"距离"为4像素，"大小"为36像素。

11 单击"渐变叠加"选项，设置"混合模式"为"叠加"，"不透明度"为40%，"渐变"颜色为白色到（R:26，G:68，B:95），然后勾选"反向"选项。

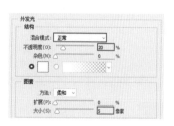

12 单击"外发光"选项，设置"混合模式"为"正常"，"不透明度"为20%，"大小"为5像素。

13 单击"投影"选项，设置"混合模式"为"正常"，"颜色"为白色，"不透明度"为80%，"距离"为2像素，"大小"为0像素。

14 制作蛋糕厚度效果。使用"椭圆形工具"绘制一个椭圆，大小为112像素×108像素，然后填充颜色为（R:198，G:93，B:41），再将图层命名为"蛋糕厚度"。

15 单击"内发光"选项，设置"混合模式"为"正片叠底"，"不透明度"为20%，"颜色"为（R:242，G:152，B:23），"大小"为30像素。

16 单击"渐变叠加"选项，设置"混合模式"为"叠加"，"不透明度"为10%，"渐变"颜色为由黑到白，然后勾选"反向"选项。

17 绘制蛋糕表面。将"蛋糕厚度"图层复制一份，命名为"蛋糕表面"；然后使用"路径选择工具"选中该图层的椭圆，并在属性栏将椭圆的"高度"设置为102像素，再将"颜色"改为（R:227，G:141，B:42）。

18 将"蛋糕表面"图层复制一份，得到"蛋糕表面拷贝"图层，然后使用"路径选择工具"选中该图层的椭圆，并在属性栏将椭圆的"高度"设置为100像素，接着将"颜色"改为（R:225，G:215，B:76），最后按4下键盘上的↑方向键，向上移动4个像素。

19 使用"矩形工具"在页面中绘制一个矩形，遮盖住最上层的椭圆，然后填充颜色为（R:225，G:215，B:76），再修改该图层名称为"杂色质感"。

20 将"杂色质感"图层转换为智能图层，执行"滤镜 > 杂色 > 添加杂色"菜单命令，打开"添加杂色"对话框，设置"数量"为10%，

21 调整"杂色质感"图层的"图层混合模式"为"柔光"，"不透明度"为50%，然后按快捷键Alt+Ctrl+G将其创建为"蛋糕表面拷贝"图层的剪贴蒙版。

22 绘制樱桃。使用"椭圆形工具"绘制一个圆，大小为36像素×36像素，然后填充颜色为（R:254，G:98，B:30），接着将圆调整到"蛋糕表面拷贝"图层的中间位置，最后将图层命名为"樱桃"。

23 双击"樱桃"图层，打开"图层样式"对话框，单击"内阴影"选项，设置"混合模式"为"正片叠底"，"颜色"为（R:206，G:41，B:14），"不透明度"为50%，"距离"为4像素，"大小"为36像素。

24 单击"渐变叠加"选项，设置"混合模式"为"叠加"，"不透明度"为70%，"渐变"颜色为由黑到白，然后勾选"反向"选项，再设置"样式"为"径向"，"缩放"为129%。

25 单击"投影"选项，设置"混合模式"为"线性加深"，"颜色"为（R:242，G:0，B:0），"不透明度"为60%，"距离"为4像素，"大小"为12像素。

26 制作樱桃凹陷效果。使用"椭圆形工具"绘制一个椭圆，大小为12像素×8像素，然后填充颜色为（R:197，G:19，B:19），再拖曳到樱桃顶端合适的位置，最后将图层命名为"樱桃凹陷"。

27 双击"樱桃凹陷"图层，打开"图层样式"对话框，单击"斜面和浮雕"选项，设置"样式"为"外斜面"，"深度"为62%，"大小"为3像素，"角度"为90度，"高度"为58度，"高光模式"为"正片叠底"，"高光模式"的颜色为（R:201，G:82，B:29），"不透明度"为0%，"阴影模式"为"滤色"，"阴影模式"的颜色为（R:255，G:243，B:219），"不透明度"为70%。

28 单击"内阴影"选项,设置"颜色"为(R:186,G:40,B:16),"不透明度"为65%,"距离"为1像素,"大小"为36像素。

29 设置"樱桃凹陷"图层的"填充"为0%,然后单击"属性"面板中的"蒙版"按钮,设置"羽化"为1像素,再按快捷键Alt+Ctrl+G将其创建为"樱桃"图层的剪贴蒙版。

30 绘制樱桃把儿。使用"矩形工具"绘制一个大小为2像素×8像素的矩形,使用"椭圆形工具"绘制一个大小为4像素×4像素的圆,都填充颜色为(R:106,G:77,B:65),然后将圆拖曳到矩形的顶端,占用矩形1个像素的位置,再将两个图层合并,命名为"樱桃把儿"。

31 双击"樱桃把儿"图层,打开"图层样式"对话框,单击"渐变叠加"选项,设置"混合模式"为"柔光","不透明度"为30%,"渐变"颜色为由黑到白,"缩放"为129%。

32 按住Shift键单击"樱桃把儿"图层和"蛋糕厚度"图层,将它们及它们之间的图层都选中,然后按快捷键Ctrl+G将这些图层创建在一个组中,命名为"水果蛋糕"。

33 双击"水果蛋糕"组，打开"图层样式"对话框，单击"投影"选项，设置"混合模式"为"正常"，"不透明度"为 50%，"颜色"为（R:229，G:134，B:11），"距离"为 8 像素，"大小"为 32 像素。

🧠 6.5 拓展练习

拓展练习一

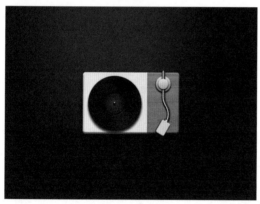

作业点评

图为小李同学的作品，整体利用轻拟物的设计方法将白色和黑色部分处理得非常精致，尤其是白色部分，对周围的色彩反光细节处理得非常到位，并且白色不是纯白色，说明该同学掌握了处理白色的精髓。

拓展练习二

作业点评

图为嘉嘉同学的作品，盘子的反光细节处理很到位，金属叉子的投影是冷投影，不是纯黑色的"脏"投影。黄色意面的投影融入了黄色，表现了盘子的光感。不过意面的转角部分太过生硬，体现出厚度会更好。

PART

07

第 7 章　国际流行卡通断线风格设计

7.1 引导页中的卡通断线风格

卡通断线风格是 Dribbble 网站上一位巴黎的设计师 MBE 创造的风格，因此也叫"MEB Style"，我们在很多地方都能看到这种风格的影子。

卡通断线风格最大的特点是色彩鲜明，边框清晰，主次分明，风趣活泼。

很多互联网公司都在自己的产品中融入了这种元素风格的设计。尤其在 App 设计中，引导页、状态页和活动页等都有它的身影。

512 像素单位通常用作启动图标的尺寸，例如在一些引导页中，这个尺寸具有很大的视觉冲击力。另外，启动图标通常是以 1024 像素 ×1024 像素来设计的，但这个尺寸的使用范围很小，因此多将其缩小至 512 像素 × 512 像素来使用。

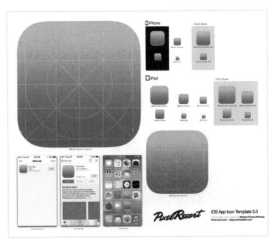

7.2 卡通断线风格设计注意事项

1 色彩保护度过高
2 断线部分太多
3 五官尺寸过大
4 装饰烟花色彩单调

1 色彩明快，切忌饱和度过高
2 断线部分保证在同一水平线上即可
3 五官要小，且位于面部下半部分为宜，这样表情才更萌
4 色彩可以丰富，但是色值要接近

📖 7.3 卡通断线风格设计色彩选择

　　绿色区域是卡通断线风格常用的色彩区域，色彩及饱和度相对适中，适合大多数配色。

　　黄色区域是需要避免使用的区域，通常，这些区域的色彩看起来饱和度特别高，或者看起来特别低和暗，也就是常说的用色太亮或者太脏。

 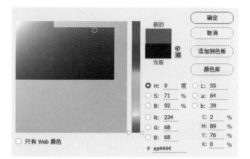

🖥 7.4 绘制卡通断线气球

　　下面讲解断线气球的制作方法。在引导页、详情页中多能看到这类图标，例如天气类 App。这种类型的图标一般成套出现。

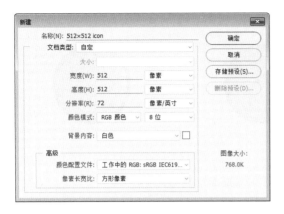

01 按快捷键 Ctrl+N 新建画布，设置大小为 512 像素 ×512 像素，命名为"512×512 icon"。

02 使用"椭圆形工具"在画布上绘制一个 200 像素 × 200 像素的圆形，单击"确定"按钮，在选项栏设置"填充"颜色为（R:247，G:79，B:79），拖曳到画布合适的位置。

03 将圆形图层复制多份，选中一份圆形图层，设置"填充"为 0%，在选项栏设置"描边"颜色为黑色，设置"描边选项"的"对齐"为内部，"端点"为圆角。

04 选择下一层圆形，使用"直接选择工具"拖曳锚点，缩放至合适大小。

05 绘制圆形，然后设置颜色为（R:223，G:48，B:48），接着选择"直接选择工具"，按住 Alt 键水平向左拖曳，最后在选项栏选择"路径操作"为"减去顶层形状"。

06 使用"直接选择工具"选择两个图形，然后在选项栏选择"路径操作"为"合并形状组件"，接着将图层拖曳到圆形右侧，再将图层移动到圆环图层下方。

07 使用"添加锚点工具"在圆环上增加多个锚点，以3个锚点为一个断口。

08 使用"直接选择工具"分别选择锚点，再将锚点删除。

09 复制一份边缘图层，然后将多余的线段删除，再设置"描边"颜色为白色。

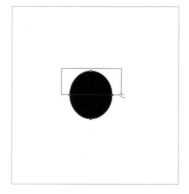

10 使用"椭圆形工具"绘制圆形，设置"填充"颜色为黑色，再水平向右复制一份。

11 使用"椭圆形工具"绘制圆形，然后使用"矩形工具"在圆形上绘制图形，接着在选项栏选择"路径操作"为"减去顶层形状"。

12 将绘制的图形拖曳到眼睛下方，然后在选项栏设置描边的"宽度"为6像素，"对齐"为"居中"，"端点"为"圆角"，"角点"为"圆角"。

13 使用"椭圆形工具"绘制椭圆形，再设置"填充"颜色为（R:255，G:107，B:107），"描边"为无。

14 选择"多边形工具"，然后在选项栏设置"边"为3，再去掉星形选项，接着按快捷键Ctrl+T调整三角形形状，最后移动到图层底部，进行居中对齐。

15 使用"椭圆形工具"绘制圆形，再设置"填充"颜色为（R:228，G:64，B:64）。

—TIPS—
可以先隐藏左侧的图层组，以方便查找图层并进行修改。

16 使用"圆角矩形工具"绘制气球线，再选择绘制好的所有图层，按快捷键 Ctrl+G 组成"红色气球"组。

17 将组复制缩放 2 份，然后分别拖曳到红色气球的左侧和右侧，再将两组图层移动到红色气球图层组下方。

18 将右侧的图层组命名为"黄色气球"，并进行绘制。选择气球的背景层，然后设置"填充"颜色为（R:250，G:184，B:69），接着选择气球暗部阴影，设置"填充"颜色为（R:250，G:141，B:69）。

19 使用"圆角矩形工具"绘制图形，然后按快捷键 Ctrl+T 进行旋转，接着选中绘制的图形，按快捷键 Ctrl+E 合并形状，再将合并后的图形旋转，最后将黄色气球的眼睛删掉，替换为绘制的图形。

—TIPS—
观察画面，会发现画面特别"平"，这是因为物体是存在阴影关系的。黄色气球上应该有红色气球的阴影，所以需要为红色气球添加阴影。

20 按住 Alt 键将红色阴影图层向右复制一份，然后设置"填充"颜色为（R:250，G:103，B:69），再设置图层的"不透明度"为50%。

21 绘制左侧图层组，显示图层组后命名为"蓝色气球"。选择背景图层，然后设置"填充"颜色为（R:74，G:193，B:255），接着选中暗部阴影图层，设置"填充"颜色为（R:68，G:138，B:225）。

22 删除蓝色的嘴巴图层，然后使用"椭圆形工具"绘制圆形，在选项栏设置描边的"宽度"为6像素，"对齐"为"外部"，"端点"为"圆角"，接着使用"直接选择工具"选择圆上方的锚点进行删除，并将中间锚点向下移动，最后将绘制的图形拖曳到眼睛下方。

TIPS

绘制完蓝色气球，会发现红色气球的左侧空出一块，这是因为在绘制红色气球时，没有为红色气球绘制最底层的背景图，并且有白色背景图层的关系，绘不绘制均不影响图形效果。当有其他图层存在时，就需要将图层绘制完整。

23 选中红色气球的暗部阴影图层，然后水平向左复制一份，接着按快捷键 Ctrl+T 进行水平翻转，再设置"填充"颜色为白色。

24 使用"钢笔工具"在气球组下方绘制线段，然后在选项栏设置"端点"为"圆角"，接着使用"添加锚点工具"在线段上增加锚点，再删除中间的部分锚点。

 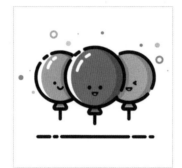 

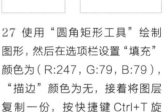

25 使用"椭圆形工具"绘制多个圆，分别设置"填充"颜色为（R:250,G:184,B:69）、（R:74,G:193,B:255）、（R:253,G:122,B:35）和（R:253,G:205,B:35）。

26 使用"椭圆形工具"绘制多个圆形，然后在选项栏设置"填充"颜色为无，描边"宽度"为6像素，再分别设置"描边"颜色 为（R:247，G:182，B:70）和（R:69，G:165，B:255）。

27 使用"圆角矩形工具"绘制图形，然后在选项栏设置"填充"颜色为（R:247,G:79,B:79），"描边"颜色为无，接着将图层复制一份，按快捷键 Ctrl+T 旋转 90°。

28 使用"圆角矩形工具"绘制图形，然后在选项栏设置"填充"颜色为（R:253,G:205,B:35），接着垂直向下复制一份，再按快捷键 Ctrl+E 合并形状。

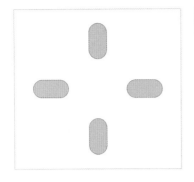

29 选中合并图形，然后复制一份进行旋转，并合并形状，接着复制一份并合并形状，再进行旋转。

30 使用"椭圆形工具"绘制两个圆形，分别设置"填充"颜色为（R:253，G:205，B:35）和（R:69，G:165，B:255）。

31 至此，卡通断线风格的图标就绘制完成了。

🧠 7.5 拓展练习

笔记心得

总体来说，断线图标的绘制难度不算太大，注意外边框一定要有断线的效果，并且要添加图形的暗部阴影。常见的问题是锚点增加得太多，断线也随之增加，图标显得杂乱，甚至影响到原始造型。另一个问题是烟花等辅助元素添加得太多，喧宾夺主。

拓展练习

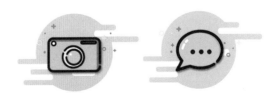

作业点评

Hiro 同学的作业绘制的是单个物体的图标，在断线风格的基础上添加了背景图形，丰富了图标的观赏性，整体效果简单清爽。

PART

08

第 8 章　扁平纯色风格图标设计

8.1 扁平化风格图标的含义及特点

　　扁平化风格是 UI 设计师在初期需要学会的技能，大部分 App 的入口按钮，都是以扁平风格为主。扁平化的核心意义在于，去除厚重烦琐的装饰效果，还原图标最重要的信息表达，并将其符号化。通过图形与颜色的结合，使图标以更简单直观的方式展示给用户。在前期学习，可以作为矢量图形和布尔运算练习，在工作当中，应用图标和功能图，标控件等都是由相同的设计方法制作。

　　这种风格最大的特点是纯色，简单，识别性强，用基础的几何图形进行布尔运算即可得出想要的形状，颜色最好控制在 4 种以内，切忌复杂化。

8.2 扁平化风格图标设计注意事项

1 颜色太暗
2 圆圈没有居中
3 文字太过个性，应使用简单的基础体字体
4 图标尺寸为 256 像素 x256 像素，但图标并没有贴近顶端和底端，导致像素浪费

1 各元素颜色搭配合理
2 字母字体与图标风格相近
3 图标大小控制得当，合理地运用了有效尺寸

📖 8.3 手机主题图标颜色选择

图标的颜色在使用上可以自由一些，注意在尽量选择高饱和度的同时，又不能太刺眼。这是因为柔和的颜色容易让用户接受，所以应避免选用太过刺激的颜色，并且还要考虑图标在强光下的呈现效果等因素。

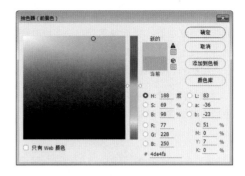

🖥 8.4 文本图标操作实例

下面讲解文本图标的制作方法。很多移动设备的办公软件系统应用了类似的图标。这种类型的图标是作为内置图标出现的，文本图标只是其中的一个，图标中间的"T"代表文字。可以通过把"T"换成其他字母或图形来做出系列图标，例如音视频图标等具有不同功能的图标。通过本案例的学习，大家可以掌握通过布尔运算制作一枚用途广泛的基础图标的方法。

01 新建空白文档，使用"矩形工具"绘制图形，设置"长度"为 200 像素，"宽度"为 256像素，再设置"填充"颜色为（R:77，G:228，B:250）。

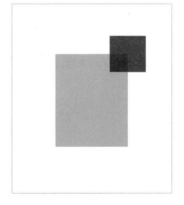

02 使用"矩形工具"绘制一个正方形，设置"长度"为 100 像素，"宽度"为 100 像素，再设置"不透明度"为 50%，这个正方形用于右上角剪切，降低透明度是为了方便观察。

TIPS

用"移动工具"拖曳方形，将其中心点与矩形右上角的角点对齐，在拖曳的过程中会看到紫色的参考线，可以辅助对齐。

紫色的参考线是 Photoshop CC 版本中的功能，是一种智能化的参考线，绘制时会自动出现，提示用户移动的距离以及是否居中等。在使用"移动工具"进行移动操作时，通过智能参考线可以对齐图像、形状、选区等。如果界面中无参考线，可以执行"视图 > 显示 > 智能参考线"菜单命令打开。

03 按快捷键 Ctrl+J 复制一份正方形，然后按快捷键 Ctrl+T 进入自由变换模式进行旋转，接着拖曳旋转图形到矩形和正方形相交的点上。这时右上角得到两个图形，一个原有的正方形，一个旋转后的正方形。

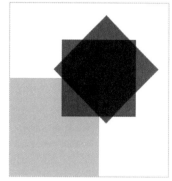

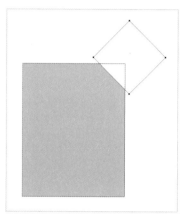

04 隐藏原有的正方形，然后选中旋转的正方形，设置"填充"颜色为（R:77，G:228，B:250），颜色最好与文本颜色相同，因为下一步在合并图形进行布尔运算的时候，会根据上层颜色进行变化，如果是其他颜色，会改变文本效果。

05 选中矩形和旋转后的正方形图层，然后按快捷键 Ctrl+E 进行合并，接着使用"路径选择工具"选择旋转后的正方形路径，在选项栏中选择"路径操作"为"减去顶层形状"，得到折角效果。

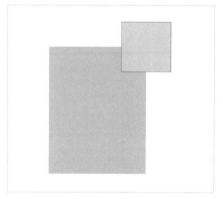

06 恢复显示原有的正方形，然后设置"填充"颜色为（R:126，G:239，B:255），再按快捷键 Ctrl+Alt+G 添加剪贴蒙版效果。

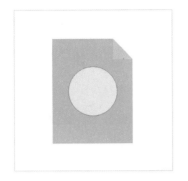

TIPS

应选用笔画简单的字体，如果使用复杂奇特的字体，会与图标的整体风格不符。

07 使用"椭圆形工具"绘制圆形，为了让折角效果更明显，不能用原本的蓝色，所以设置"填充"颜色为（R:209，G:249，B:255），让折角颜色更亮，并拖曳到矩形中间的位置。

08 使用"文字工具"在圆内输入字母，然后设置"大小"为90，"文本颜色"为（R:77，G:228，B:250），接着将字母与圆形垂直水平居中对齐。

8.5 拓展练习

笔记心得

这个文本图标总体来说很简单，只需要矩形工具、椭圆形工具和文字工具就可以制作完成。在进行布尔运算时，一定要先将两个形状图层合并，再用"路径选择工具"选择需要操作的图形，否则会没有效果。还需要明确图形之间是相加还是相减的关系。通过这个案例，我们知道使用剪贴蒙版可以非常方便地得到折角效果。另外，应注意系列图标要统一风格和特点。

拓展练习

作业点评

Ann 同学的作业基本达到了 100% 的相似度，可以看出 Ann 同学掌握了系列图标的设计要点——风格一致，图标统一设置了右上角的折角，色调明亮，图形元素简洁。

PART

09

第 9 章　拟物风格图标设计

9.1 拟物风格图标的特点

　　拟物化风格不仅包括前面介绍的几种类型，还有颜色鲜艳型，这种风格采用明亮的颜色作为主色，视觉冲击力强，同时注重拟物化的细节特点。

9.2 拟物图标设计注意事项

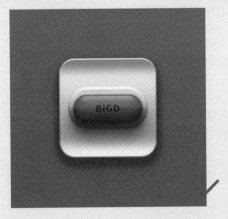

1 投影部分颜色过深，虽然注意到了环境色的影响，但投射效果不自然

2 胶囊的体积感没有表现出来，看上去只是一个圆角矩形

3 胶囊背板的图案失真

4 背板圆角不够圆滑

1 色彩运用合理，每个元素与背景之间的关系都处理得自然贴合

2 元素体积感强，特别是胶囊的形状，很好地体现出了圆柱效果

3 胶囊上的反光色融合了胶囊本身的颜色

4 纹理清晰，没有接缝

📖 9.3 拟物风格图标的色彩选择和样式设计

以本章讲解的胶囊图标为例来分析。该图标看起来颜色饱和度很高，其实并没有达到最高值，我们在色块的顶部中间区域取色，相当于在纯色与白色的中间，这样画面才会更融合。

胶囊的样式也是设计重点之一，边角要采用圆弧形，高光和阴影需要各自叠加不同颜色，这样才可以表现出较好的效果。同时还要考虑表现胶囊的体积感，因为胶囊是在背板之上，投影的效果一定要立体，所以添加了3层投影，使其体积感更加强烈。

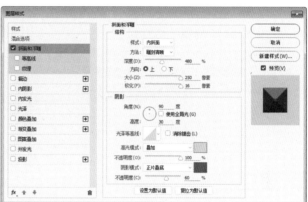

🖥 9.4 拟物胶囊图标操作实例

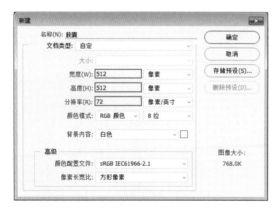

01 新建文档。打开 Photoshop 软件，新建"胶囊"文档，设置"宽度"为512像素，"高度"为512像素，"分辨率"为72，再单击"确定"按钮。

02 按住 Alt 键双击"背景"图层，将其转换为普通图层"图层0"，然后双击该图层，打开"图层样式"对话框，单击"渐变叠加"选项，勾选"仿色"选项和"反向"选项，设置"渐变"颜色为从（R:251，G:94，B:153）到（R:243，G:69，B:138），"缩放"为91%（根据实际效果调整）。

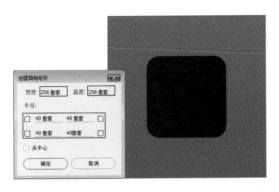
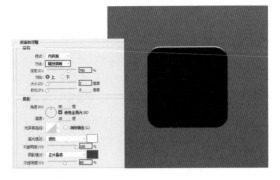

03 制作背板。使用"圆角矩形工具"在画布中绘制一个圆角矩形，大小为 256 像素 ×256 像素，半径为 40 像素，随意填充一个颜色（这里填充黑色）。

04 双击"圆角矩形 1"图层，打开"图层样式"对话框，单击"斜面和浮雕"选项，设置"方法"为"雕刻清晰"，"深度"为 750%，"大小"为 2 像素，"高光模式"的"不透明度"为 100%，"阴影模式"的"不透明度"为 60%，"阴影模式"的颜色为（R:208,G:56,B:114）。

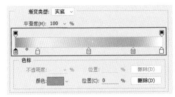

05 单击"渐变叠加"选项，勾选"仿色"选项（防止出现色阶效果），单击"点按可编辑渐变"按钮打开"渐变编辑"对话框，设置节点位置为 0% 的颜色为（R:220，G:173，B:191），节点位置为 16% 的颜色为（R:255，G:243，B:248），节点位置为 51% 的颜色为（R:243，G:213，B:225），节点位置为 80% 的颜色为（R:227，G:192，B:205），节点位置为 100% 的颜色为白色，然后单击"确定"按钮，再勾选"反向"选项，设置"缩放"为 91%（根据实际效果调整）。

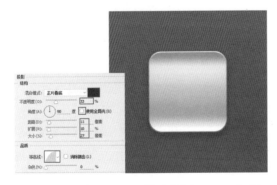
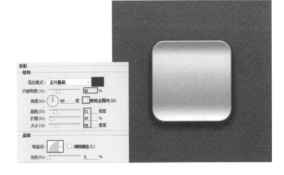

06 单击"投影"选项，设置"颜色"为（R:167，G:56，B:97），"不透明度"为 33%，"距离"为 11 像素，"扩展"为 10，"大小"为 27 像素，"等高线"为"半圆"。

07 单击"投影"选项后面的加号，再添加一个"投影"样式，设置"颜色"为（R:201，G:62，B:79），"不透明度"为 30%，"距离"为 21 像素，"扩展"为 10%，"大小"为 49 像素，"等高线"为"半圆"。

08 制作胶囊图案。新建一个"宽度"为 100 像素，"高度"为 100 像素，"分辨率"为 72 的文档。然后使用"矩形工具"在页面左上角绘制一个黑色矩形，大小为 50 像素 ×50 像素，再将矩形复制一份，拖曳到页面右下角。

09 选择"自定义工具"，然后在属性栏中选择"形状"为菱形，接着在黑色矩形中绘制一个白色菱形，大小为 50 像素 ×50 像素。

10 设置黑色矩形的"填充"为 9%，菱形的"填充"为 9%，这样做是为了显示下面要制作的图形区域。

11 双击菱形图层，打开"图层样式"对话框，单击"内阴影"选项，设置"混合模式"为"正片叠底"，"颜色"为（R:187，G:153，B:164），"不透明度"为 100%，"距离"为 10 像素，"阻塞"为 0%，"大小"为 16 像素，然后将添加了样式的菱形图层复制一份，拖曳到画布右下角。

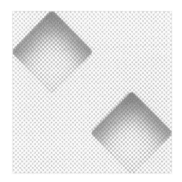

12 隐藏或删除菱形外的其他图层，然后执行"编辑 > 定义图案"菜单命令，打开"图案名称"对话框，设置"名称"为"胶囊图案"，再单击"确定"按钮，这样就生成了一个无接缝贴图的源文件。

13 切换到"胶囊"文档，将圆角矩形图层复制一份，打开"图层样式"对话框，单击"图案叠加"选项，选择"图案"为"胶囊图案"，然后设置"混合模式"为"正片叠底"，"不透明度"为60%，"缩放"为10%，因为是复制图层的关系，其他图层样式会影响背板，所以取消其他的图层样式，只保留图案叠加的选项。

14 选中两个圆角矩形图层，按快捷键 Ctrl+G 将它们创建在一个组中，命名为"背板"。

15 制作胶囊。新建一个"胶囊"组，然后使用"圆角矩形工具"在画布中绘制一个圆角矩形，大小为180像素×70像素，半径为34像素，随意填充一个颜色，再将图层命名为"胶囊"。

16 双击"胶囊"图层，打开"图层样式"对话框，单击"颜色叠加"选项，设置"混合模式"的颜色为（R:255，G:65，B:154）。

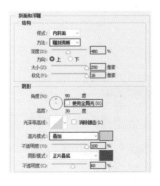

17 单击"斜面和浮雕"选项，设置"方法"为"雕刻清晰"，"深度"为480%，"大小"为250像素，"软化"为16像素，取消勾选"使用全局光"选项，然后设置"高光模式"为"叠加"，"高光模式"的颜色为（R:255，G:214，B:222），"不透明度"为100%，再设置"阴影模式"的颜色为（R:208，G:56，B:114），"不透明度"为60%。

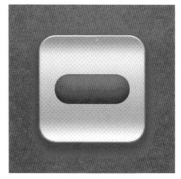

18 单击"内阴影"选项，设置"颜色"为(R:160, G:27, B:71)，"不透明度"为66%，"角度"为 -90度，然后取消勾选"使用全局光"选项，再设置"距离"为9像素，"大小"为21像素。

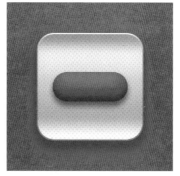

19 单击"投影"选项，设置"颜色"为(R:211, G:45, B:92)，"不透明度"为70%，然后取消勾选"使用全局光"选项，再设置"距离"为10像素，"大小"为14像素。

20 单击"投影"选项后面的加号，再添加一个"投影"样式，设置"颜色"为(R:230, G:51, B:118)，"不透明度"为38%，然后取消勾选"使用全局光"选项，再设置距离"为20像素，"扩展"为10%，"大小"为20像素，"等高线"为"半圆"。

21 单击"投影"选项后面的加号，再添加一个"投影"样式，设置"颜色"为(R:214, G:78, B:129)，"不透明度"为40%，"距离"为36像素，"大小"为40像素，"等高线"为"半圆"。

22 制作高光。使用"椭圆形工具"绘制一个椭圆，大小为 142 像素 ×14 像素，半径为 6.5 像素，然后填充颜色为（R:255，G:216，B:255），再将图层命名为"高光"。

23 将"高光"图层调整到"胶囊"图层的"水平居中"位置，然后执行"编辑 > 变换 > 透视"菜单命令，调整其透视效果。

24 设置"高光"图层的"图层混合模式"为"叠加"，然后为其添加一个图层蒙版并选中，接着单击"渐变工具"，在属性栏设置"渐变"为"黑、白渐变"，最后在画布高光处由下向上拖曳鼠标创建渐变。

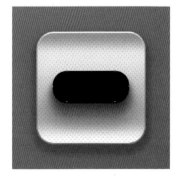

25 制作反射效果。将"胶囊"图层复制两份，然后隐藏所有图层样式，接着将第二个复制图层向上移动 4 个像素，再合并两个复制图层，最后使用"路径选择工具"选中合并后的图层。

26 单击属性栏的"路径操作"按钮，然后选择"减去顶层形状"选项，再将图层命名为"反射"。

27 将"反射"图层等比例缩小，然后填充颜色为（R:229，G:134，B:11）。

28 设置"反射"图层的"不透明度"为10%，然后单击"属性"面板中的"蒙版"按钮，接着设置"羽化"为1.5像素。

29 制作凹陷效果。使用"椭圆形工具"绘制一个椭圆，大小为210像素×110像素，半径为54像素，随意填充一个颜色，再将图层命名为"凹槽"。

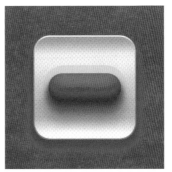

30 双击"凹槽"图层，打开"图层样式"对话框，单击"渐变叠加"选项，勾选"仿色"选项，然后单击"点按可编辑渐变"按钮打开"渐变编辑器"，设置节点位置为0%的颜色为（R:226，G:188，B:202），节点位置为100%的颜色为（R:249，G:223，B:229），再设置"缩放"为91%。

31 单击"斜面和浮雕"选项，设置"深度"为1000%，"大小"为 7 像素，"高光模式"为"叠加"，"高光模式"的颜色为白色，"不透明度"为100%，再设置"阴影模式"的颜色为（R:235，G:168，B:193），"不透明度"为60%。

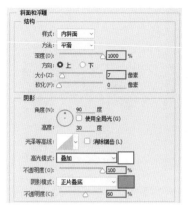

32 制作高光效果。在胶囊中间新建一条水平参考线，然后使用"圆角矩形工具"创建一个白色的圆角矩形，大小为 260 像素 ×78 像素，半径为 39 像素，接着将其拖曳到参考线上，使其下边缘紧贴参考线，最后使圆角矩形水平居中。

33 将步骤 32 绘制的圆角矩形图层命名为"高光"，然后为其添加一个图层蒙版并选中，接着按住 Ctrl 键单击"胶囊"图层的缩览图，将其加载为选区。

34 按快捷键 Ctrl+Shift+I 将选区反选，然后设置前景色为黑色，按快捷键 Alt+Delete 填充选区，接着按快捷键 Ctrl+D 取消选择。

35 将"高光"图层置于"图层"面板顶端，然后设置该图层的"不透明度"为 14%，"图层混合模式"为"滤色"。

36 选中"胶囊"组中的"高光"图层，然后使用"横排文字工具"在胶囊中间输入文本 BiGD，设置合适的字体和大小。

37 双击文本图层，打开"图层
样式"对话框，单击"颜色叠加"
选项，设置"混合模式"为"正
片叠底"，"颜色"为（R:181,
G:21，B:75）。

38 单击"投影"选项，设置
"混合模式"为"叠加"，"颜
色"为白色，"不透明度"为
100%，取消勾选"使用全局光"
选项，再设置"距离"为1像素，
"大小"为0像素。

🧠 9.5 拓展练习

笔记心得

胶囊图标相对于扁平图标来说，制作过程更加难一些，但只要找准表现厚度的位置，
难度会降低很多。比如对胶囊的圆柱体形状需要进行渐变设计，从上到下遵循由亮
到暗的规律，这个规律适用于任何形状圆滑的物体。同时，本章讲解了无接缝图案
的制作方法。

拓展练习

作业点评

DK 同学的作品的完成度非常高，进行了颜色上的调整，还做出了双色效果，同时
注意到了颜色的平衡和背板边角的圆润感，轻盈的色调更易让用户接受。

PART

10

第 10 章　画板图标设计

10.1 木板与纸张质感分析

　　画板图标有 2 个重要元素木板和纸张。虽然这两个元素制作起来都比较简单，但也要注意细节，如背板设定为木质材料，则颜色应选用能体现木材特点的黄色，练习的时候也可选择其他颜色，但要注意材质的反光，颜色对比不要太过强烈。

　　纸张的质感特点虽然相对简单，但也要结合图标整体效果来设定。例如，应与背板颜色相呼应，并注意环境，对纸张色调的影响。

10.2 画板图标设计注意事项

1 金属框材质不自然，来体现出高光、反光及环境色的影响

2 字母过于个性

3 纸张未表现出环境色的影响

4 没有体现出背板的厚度和环境色的影响

5 图标投影颜色过黑

1 金属材质表现自然

2 选用常规字体

3 背板与纸张颜色渐变自然

4 背板厚度合理

5 光源投影自然

📖 10.3 金属元素设计技巧

　　金属条是画板图标的亮点，要抓住金属条的高强度对比的特征，并让金属条反射出周围环境的颜色。同时，体现明暗对比的颜色要结合整体来考虑，暗色不能低于背景色，亮色要高于整体颜色。

🖥 10.4 画板图标操作实例

01 新建文档。打开 Photoshop 软件，新建"画板"文档，设置"宽度"为1024 像素，"高度"为 1024 像素，"分辨率"为 72，再单击"确定"按钮。

02 调整背景。按住 Alt 键双击"背景"图层，将其转换为普通图层"图层 0"，然后双击该图层，打开"图层样式"对话框，接着单击"渐变叠加"选项，勾选"仿色"选项，再设置"渐变"颜色为从（R:84，G:84，B:84）到（R:36，G:36，B:36），"样式"为"径向"，"缩放"为 134%。

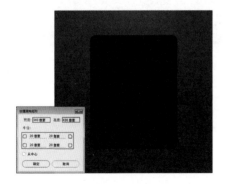

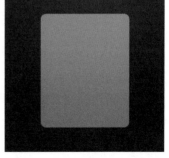

03 制作背板。使用"圆角矩形工具"在画布中绘制一个圆角矩形，大小为 340像素 ×430 像素，半径为 20 像素，随意填充一种颜色（这里填充黑色），然后使其居于画布正中，最后更改图层名称为"背板"。

04 双击"背板"图层，打开"图层样式"对话框，单击"渐变叠加"选项，勾选"仿色"选项和"反向"选项，设置"渐变"颜色为从（R:245，G:179，B:108）到（R:217，G:142，B:62），"缩放"为 134%。

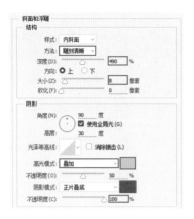

05 单击"斜面和浮雕"选项，设置"方法"为"雕刻清晰"，"深度"为490%，"大小"为8像素，"高光模式"为"叠加"，"高光模式"的颜色为（R:255，G:218，B:182），再设置"阴影模式"的颜色为（R:154，G:112，B:75），"不透明度"为100%。

06 单击"投影"选项，设置"颜色"为（R:37，G:37，B:37），"不透明度"为30%，取消勾选"使用全局光"选项，再设置"距离"为20像素，"扩展"为10%，"大小"为32像素，"等高线"为"半圆"。

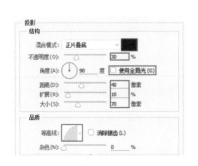

07 单击"投影"选项后面的加号，再添加一个"投影"样式，设置"颜色"为（R:37，G:37，B:37），"不透明度"为30%，取消勾选"使用全局光"选项，再设置"距离"为40像素，"扩展"为10%，"大小"为70像素，"等高线"为"半圆"。

08 制作纸张。使用"矩形工具"在页面中间绘制一个白色矩形，大小为300像素×380像素，然后使其居于画布正中，最后更改图层名称为"纸张"。

09 双击"纸张"图层，打开"图层样式"对话框，单击"渐变叠加"选项，勾选"仿色"选项和"反向"选项，设置"渐变"颜色为从（R:255，G:248，B:241）到（R:239，G:227，B:214），"缩放"为134%。

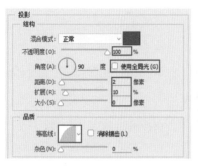

10 单击"投影"选项，设置"颜色"为（R:196，G:132，B:90），"不透明度"为100%，取消勾选"使用全局光"选项，再设置"距离"为2像素，"扩展"为10%，"大小"为0像素，"等高线"为"半圆"。

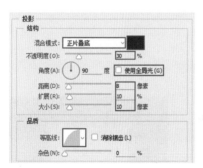

11 单击"投影"选项后面的加号，再添加一个"投影"样式，设置"混合模式"为"正片叠底"，"颜色"为（R:122，G:71，B:42），"不透明度"为30%，取消勾选"使用全局光"选项，再设置"距离"为8像素，"扩展"为10%，"大小"为10像素，"等高线"为"半圆"。

12 制作金属条。新建一个"金属部分"图层组，然后使用"矩形工具"在纸张顶端绘制一个白色矩形，大小为250像素×44像素，接着使其水平居中，再更改图层名称为"金属条"。

13 双击"金属条"图层，打开"图层样式"对话框，单击"渐变叠加"选项，勾选"仿色"选项，单击"点按可编辑渐变"按钮打开"渐变编辑"对话框，设置节点位置为 0% 的颜色为（R:28，G:28，B:28），节点位置为 14% 的颜色为（R:43，G:43，B:43），节点位置为 25% 的颜色为（R:148，G:132，B:116），节点位置为 35% 的颜色为（R:76，G:76，B:76），节点位置为 54% 和 64% 的颜色为白色，节点位置为 82% 的颜色为（R:56，G:56，B:56），节点位置为 100% 的颜色为（R:28，G:28，B:28），然后单击"确定"按钮，再设置"缩放"为 134%。

14 单击"投影"选项，设置"颜色"为（R:73，G:53，B:42），"不透明度"为 30%，取消勾选"使用全局光"选项，再设置"距离"为 3 像素，"大小"为 4 像素，"等高线"为"半圆"。

15 使用"圆角矩形工具"在金属条左端绘制一个黑色的圆角矩形，大小为 12 像素 ×32 像素，半径为 6 像素，然后将图层命名为"圆环"。

16 将"金属条"图层的"渐变叠加"样式复制粘贴到"圆环"图层上。

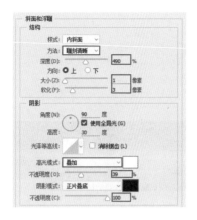

17 双击"圆环"图层,打开"图层样式"对话框,单击"斜面和浮雕"选项,设置"方法"为"雕刻清晰","深度"为490%,"大小"为1像素,"软化"为3像素,然后设置"高光模式"为"叠加","高光模式"的颜色为白色,"不透明度"为39%,再设置"阴影模式"的颜色为(R:50,G:50,B:50),"不透明度"为100%。

18 使用"椭圆形工具"在圆环下面绘制一个黑色的圆,大小为20 像素 ×20 像素,然后将图层命名为"孔"。

19 双击"孔"图层,打开"图层样式"对话框,单击"投影"选项,设置"混合模式"为"叠加","颜色"为白色,"不透明度"为100%,然后取消勾选"使用全局光"选项,再设置"距离"为1像素,"扩展"为10%,"大小"为 0 像素。

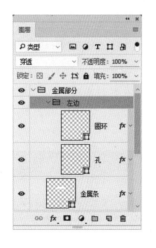

20 选中"圆环"图层和"孔"图层,按快捷键 Ctrl+G 将其创建在一个图层组内,并将图层组命名为"左边"。

21 将图层组"左边"复制一份,命名为"右边",然后水平拖曳到金属条的右端。

22 选中"左边"和"右边"图层组，按快捷键 Ctrl+G 将其创建在一个图层组内，并将图层组命名为"金属环。

23 选择"横排文字工具"输入字母 B，设置合适的字体、大小和颜色，再使其垂直居中于纸张中。

PART

11

第 11 章　浏览器图标设计

11.1 不同风格浏览器图标分析

　　浏览器图标的样式有很多种，通常根据产品风格进行设计。目前，大多数浏览器图标的风格都比较简单，不会加入太多酷炫的效果。例如QQ浏览器图标的特点是极简，蓝色圆圈加上云朵元素就形成了一个独具特色，同时又凸显产品特点的图标。谷歌浏览器图标保留了最初的红绿黄3种基础颜色，然后根据当今流行的风格来进行视觉迭代，只在风格上变化，形状和颜色上并没有太多调整。IE浏览器经过多年的发展，已经在用户中形成了固定的视觉印象，所以不会像小众产品那样对图标进行大幅度修改，在保证用户熟悉度的情况下，根据系统的风格来调整图标的样式。

11.2 浏览器图标设计注意事项

1 图标投影太脏，看不出图标的边界

2 未体现图标厚度，这是体现拟物化特点之处

3 中间的球体不自然，只有高光，没有内阴影的效果，表现不出球体的特点

4 圆形金属边效果不突出，金属的高强度对比效果没有做出来

5 指针质感不足

1 背板厚度合理，并且反射出了灯光

2 中间的球体效果突出，通过渐变与内阴影表现出了球体的弧度

3 金属边效果优秀，体现出了金属的质感

4 背景颜色与图标相得益彰，特别是点光源的效果，让图标更加有质感

11.3 浏览器图标设计要点

要保证金属边厚度相同，注意上下两个部分的反光效果不同，需要细致刻画，通过"斜面和浮雕"来控制上下反光参数，通过"渐变"来控制金属颜色。

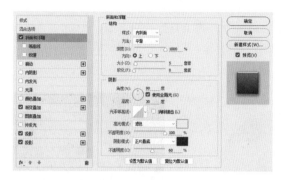 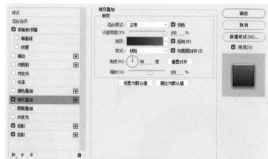

中间的球体部分为该图标的难点，需要用到多层图层样式，通过两个渐变叠加做出球体高光点，通过内发光来表现球体边缘的厚度，然后用内阴影衬托出球体底部的暗色，得到球体的最终效果。

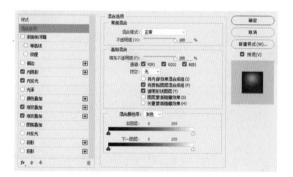

11.4 浏览器图标设计操作实例

本实例增加了拟物化的复杂程度，加入了更多的元件，考验大家对多种元素进行搭配设计的能力。

01 新建画布，设置"宽度"和"高度"均为1024像素，然后将背景图层解锁。

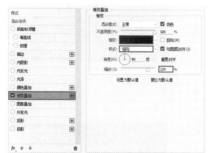

02 双击背景图层，然后在弹出的"图层样式"对话框中选择"渐变叠加"选项，接着设置"渐变"颜色从（R:64，G:72，B:72）到（R:29，G:31，B:31），再设置"样式"为径向，"缩放"为124%。

03 使用"圆角矩形工具"绘制"宽度"和"高度"为410像素的图形，再设置"半径"为100像素。

04 双击圆角矩形图层，然后选择"渐变叠加"选项，设置"渐变"颜色从（R:60，G:67，B:67）到（R:35，G:41，B:41），再勾选"反向"选项。

—TIPS—

"渐变叠加"设置完成后，界面会呈现渐变效果，从画面中心开始发散，画面会显得不够活泼，可以将效果向上移动以改变这种情况。

打开"图层样式"对话框后，使用"移动工具"拖曳界面，会发现制作的效果发生了位置变化。

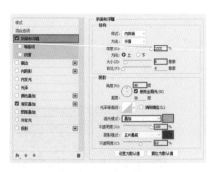

05 选择"斜面和浮雕"选项，然后设置"深度"为1000%，"大小"为8像素，"角度"为90度，接着设置"高光模式"为"叠加"，"不透明度"为100%，"高光模式"的颜色为（R:187，G:200，B:200），再设置"阴影模式"的"不透明度"为62%，"颜色"为（R:75，G:95，B:97）。

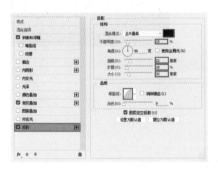

06 选择"投影"选项，然后设置"颜色"为（R:39，G:39，B:39），接着设置"不透明度"为15%，"距离"为22像素，"扩展"为10%，"大小"为32像素，"等高线"为"半圆"。

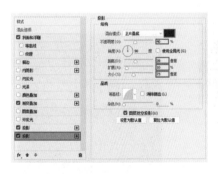

07 增加一个"投影"选项，设置"颜色"为（R:46，G:55，B:55），再设置"不透明度"为40%，"距离"为39像素，"扩展"为10%，"大小"为73像素。

08 使用"椭圆形工具"绘制两个圆形，然后将圆形居中对齐，再选中图形合并形状，接着在选项栏设置"路径操作"为"排除重叠形状"，最后将圆环复制一份备用。

TIPS
添加多个同一属性的图层样式是Photoshop CC版本的新功能。

09 双击圆环图层，选择"渐变叠加"选项，设置"渐变"颜色从（R:131，G:145，B:145）到（R:61，G:67，B:67），再勾选"反向"选项。

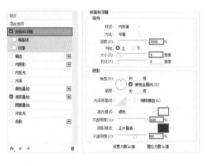 

10 选择"斜面和浮雕"选项，然后设置"深度"为1000%，"大小"为5像素，接着设置"高光模式"的"不透明度"为100%，"颜色"为（R:222，G:255，B:254），再设置"阴影模式"的"不透明度"为60%，"颜色"为（R:53，G:67，B:69）。

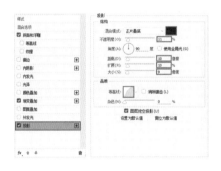 

11 选择"投影"选项，然后设置"颜色"为（R:39，G:39，B:39），接着设置"不透明度"为11%，"距离"为10像素，"扩展"为10%，"大小"为9像素，"等高线"为"半圆"。

12 增加一个"投影"选项，设置"颜色"为（R:46，G:55，B:55），再设置"不透明度"为40%，"距离"为15像素，"扩展"为10%，"大小"为43像素。

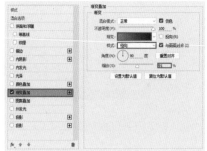

13 使用"椭圆形工具"绘制圆形，然后双击图层增加"渐变叠加"效果，设置"渐变"颜色从（R:150，G:168，B:168）到（R:52，G:57，B:57），接着设置"样式"为"径向"，"缩放"为91%。

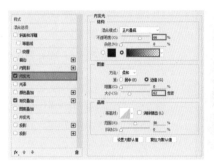

14 选择"内发光"选项，设置内发光"颜色"从（R:39，G:55，B:57）到透明，再设置"不透明度"为66%，"大小"为62像素。

15 添加"渐变叠加"选项，设置"渐变"颜色从（R:228，G:253，B:255）到透明，再设置"混合模式"为"叠加"，"不透明度"为28%，"缩放"为118%，让球体的高光范围变大一些。

16 选择"内阴影"选项，设置内阴影"颜色"为（R:119，G:139，B:138），再设置"不透明度"为37%，"角度"为-90度，"距离"为18像素，"大小"为16像素。

17 绘制浏览器内部的图案。选择复制的圆环图层，然后使用"矩形工具"在圆环上绘制矩形，再使用"直接选择工具"调整锚点。

18 将图形复制3份，然后分别旋转角度，再拖曳到合适的位置，接着使用"矩形工具"在四周绘制图形。

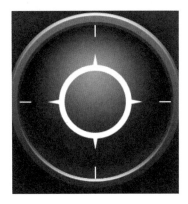

19 选中绘制的图形，然后执行"合并形状"命令，再设置"填充"颜色为白色，接着设置图层的"混合模式"为"叠加"，"不透明度"为60%。

20 绘制指南针。使用"矩形工具"绘制图形，然后设置"填充"颜色为（R:255，G:152，B:31），接着使用"直接选择工具"调整锚点。

 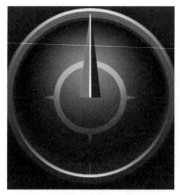

21 将图形水平向右复制一份，然后进行水平翻转，接着设置"颜色"为（R:127，G:62，B:23）。

22 使用"矩形工具"绘制图形，设置"颜色"为白色，再设置图层"混合模式"为"柔光"。

23 将绘制的图形垂直向下复制一份，然后进行垂直翻转，接着设置"颜色"为（R:190，G:201，B:204）和（R:190，G:201，B:204）。

24 选中指南针图形，然后按快捷键 Ctrl+G 编组，接着按快捷键 Ctrl+T 进行自由变换，旋转45 度。

TIPS
根据环境进行调色。

25 双击图层组，选择"投影"选项，设置"颜色"为（R:39，G:39，B:39），接着设置"不透明度"为51%，"距离"为12 像素，"扩展"为10%，"大小"为9 像素，"等高线"为"半圆"。

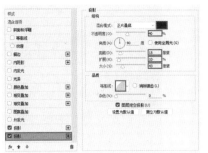

26 增加"投影"选项,设置"颜色"为(R:46,G:55,B:55),再设置"不透明度"为40%,"距离"为15像素,"扩展"为10%,"大小"为43像素。

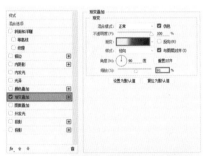

27 使用"椭圆形工具"绘制圆,然后双击图层添加"渐变叠加"选项,设置"缩放"为91%,再设置"渐变"颜色从(R:223,G:237,B:237)、(R:223,G:237,B:237)、(R:97,G:109,B:109)到(R:38,G:42,B:42)。

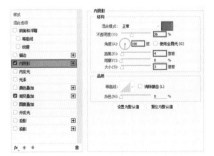

28 选择"内阴影"选项,设置内阴影"颜色"为(R:114,G:145,B:143),再设置"不透明度"为36%,"角度"为-90度,"距离"为4像素,"大小"为3像素。

29 选择"描边"选项，然后设置"大小"为2像素，"混合模式"为"柔光"，接着设置"渐变"颜色从白色到黑色，再单击"反向"选项。

30 到这步，我们浏览器图标就绘制完成了。

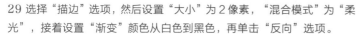

11.5 拓展练习

笔记心得

浏览器图标设计算是拟物设计当中难度较大的，需要注意的是元素之间的合理搭配，可以参考常见的浏览器来整理思路，比如指针与圆盘是浏览器图标的常用元素，则可以先将这两个元素设定在图标当中，再根据整体风格调整造型及色调。

拓展练习

作业点评

王强通过改变图标形状来与原作进行区分是个很好的设计思路，如果将整体颜色也完全区分就更好了。如将背板改为蓝色，中间圆球改为白色，也是很好的选择。

PART

12

第 12 章　简易实现水滴效果

12.1 拟物化分析

拟物化的设计初衷是让用户更好地理解图标和按钮的功能类型，方便用户识别。拟物化风格比扁平化风格更难把控，不仅需要设计师有过硬的造型能力，还要有较强的理解能力以及提炼元素的能力。

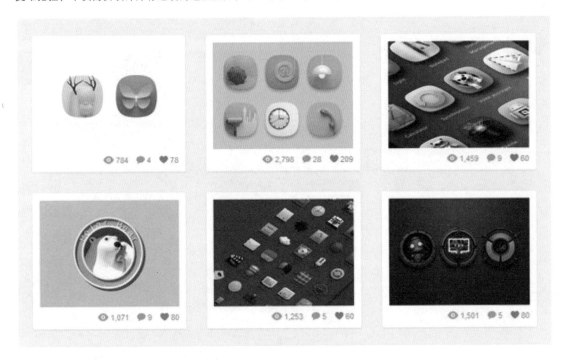

拟物化风格的重点是要抓住物体的特点，去粗取精，保留一定的现实元素。目前，UI 设计中的扁平化风格已经很难凸显个性化效果，所以越来越多的 App 开始采用拟物化风格。

12.2 设计注意事项

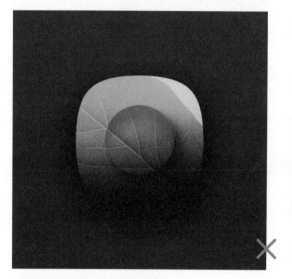

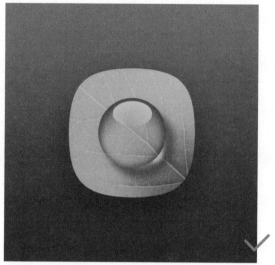

1 图标投影太脏，没有和背景结合起来

2 画面中黑色部分太多，且画面中有看不清的地方

3 水滴没有反光，看不出是水滴

4 背景没有渐变效果

1 色彩融合得自然，光照渐变效果自然

2 叶子纹理清晰，并且和背板颜色结合得自然

3 反光效果突出，很好地表现了水的材质特点

4 色彩丰富，色值接近

12.3 水滴叶子风格的色彩选择

绿色是表现植物的最贴合的颜色，在拟物化设计中，不宜只用一种颜色，需要搭配渐变效果来表现写实风格。一般会融入一些黄色，让植物呈现阳光照射的效果。

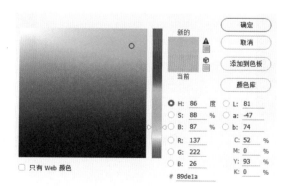

12.4 水滴叶子操作实例

下面讲解如何绘制拟物化图标，拟物化的重点是绘制的图形要偏真实，物体的光泽、反光、阴影等效果的处理都是需要重视的。

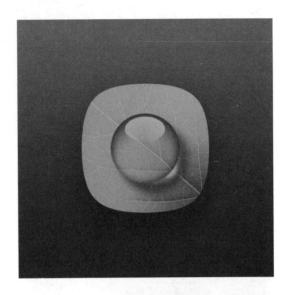

01　新建一个"宽度"为 512 像素，"高度"为 512 像素的画布，然后双击背景图层进行解锁，接着为其添加"渐变叠加"效果，设置"缩放"为 91%，再设置"渐变"颜色从（R:32，G:77，B:25）到（R:84，G:149，B:48）。

02　选择"椭圆形工具"，然后按住 Shift 键绘制"长度"和"宽度"均为 256 像素的圆，接着将圆形居中对齐。

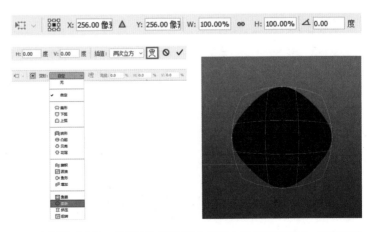

03　选中圆形图层，然后按快捷键 Ctrl+T 进入自由变换模式，再单击选项栏中的"在自由变换和变形模式之间切换"按钮，接着在选项栏中选择"变形"中的"膨胀"选项。

—TIPS—
制作图标时，需要将图形大小保持为规定的 256 像素 x 256 像素，所以在绘制时，先绘制一个边长为 256 像素的正方形作为标准。

添加"膨胀"效果后改变了大小，这时按快捷键 Ctrl+T 进入自由变换模式，将图形进行缩放，再将辅助正方形删除。

04 按快捷键 Ctrl+T 进入自由变换模式，将膨胀圆旋转 45 度。

05 双击图形图层，然后在"图层样式"中选择"渐变叠加"选项，接着设置"缩放"为91%，"渐变"颜色从（R:77，G:133，B:43）到（R:158，G:222，B:57）。

—TIPS—
有时候进行剪贴操作后素材没有显示出来，这是因为在图层样式中没有选择"将剪贴图层混合成组"模式。

双击图层，在"图层样式"的"混合选项"取消勾选"将剪贴图层混合成组"，并勾选"将内部效果混合成组"选项，这样素材就能显示了。

06 拖入树叶素材文件，然后将素材缩放到合适的大小，接着按快捷键 Ctrl+Alt+G 进行图层剪贴，再设置图层"混合模式"为"叠加"，"不透明度"为60%。

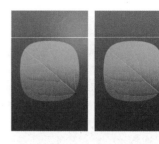

07 使用"椭圆形工具"在图形右上角绘制圆，然后设置"填充"颜色为（R:228，G:255，B:121），接着在图形的"属性"面板中设置"羽化"为59.6像素。

08 选中羽化圆形，设置图层的"混合模式"为"柔光"，再按快捷键 Ctrl+Alt+G 添加剪贴蒙版效果。

09 使用"椭圆形工具"在图形左下角绘制圆，然后设置"填充"颜色为（R:201，G:231，B:83），接着在图形的"属性"面板中设置"羽化"为59.6像素。

10 选中羽化圆形，设置图层的"混合模式"为"叠加"，再按快捷键 Ctrl+Alt+G 添加剪贴蒙版效果。

11 绘制水滴轮廓。使用"椭圆形工具"绘制圆，然后将圆居中对齐。

12 设置图层的"填充"为 0，然后双击该图层，在弹出的对话框中选择"渐变叠加"选项，接着设置"不透明度"为 60%，再设置"渐变"颜色从透明到（R:123，G:185，B:25）。

13 在对话框中选择"内发光"选项，设置"不透明度"为 84%，"阻塞"为 3%，"大小"为 18 像素，再设置"颜色"从（R:129，G:183，B:24）到透明。

14 在对话框中选择"内阴影"选项，设置"不透明度"为 66%，"距离"为 29 像素，"大小"为 29 像素，再设置"颜色"为（R:90，G:148，B:47），目的是增加水滴的厚度。

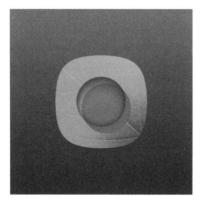  

15 为水滴绘制阴影。使用"椭圆形工具"在水滴图层的下方绘制圆形，然后设置"填充"颜色为（R:100，G:146，B:19），接着在"属性"面板设置"羽化"为 9.6 像素。

16 选择阴影图层，然后按住 Ctrl 键单击水滴轮廓图层缩略图，接着按 Delete 键删除，再设置图层的混合模式为"正片叠底"。

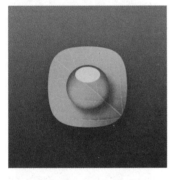

17 为水滴绘制高光。在水滴轮廓图层上方使用"椭圆形工具"绘制图形，然后设置"填充"颜色为（R:221，G:255，B:85），再设置图层的"混合模式"为"滤色"。

18 选择高光图层，然后单击图层下方的"添加图层蒙版"按钮，接着使用"画笔工具"在蒙版上进行绘制，让高光点呈现渐变效果。

19 绘制水滴的反光。使用"椭圆形工具"在水滴图层下方绘制圆形，然后设置"填充"颜色为（R:152，G:215，B:41），接着在"属性"面板设置"羽化"为 6.4 像素，最后设置图层的"不透明度"为 60%。

20 选择高光图层，然后按住 Ctrl 键单击水滴轮廓图层缩略图，接着单击蒙版，让颜色只显示在水珠外部，水珠内部则不显示，形成水滴下面的反光效果。

21 使用"椭圆形工具"绘制高光圆形，然后设置"填充"颜色为（R:172，G:255，B:98），接着在"属性"面板设置"羽化"为 6.4 像素。

22 选择新建的高光图层，然后按住 Ctrl 键单击水滴轮廓图层缩略图，接着按 Delete 键删除。至此，水滴图标绘制完成。

⟨🧠⟩ 12.5 拓展练习

笔记心得

水滴图标的制作要点在于水珠要清澈透明，这需要设置透明的图层并加入一定的内阴影，让水珠既呈现透明效果，又保留体积感，然后设置高光来体现折射，通过多种效果互相影响，最终得到满意的效果。

拓展练习

作业点评

LYB 同学通过改变颜色，让水滴给人以秋天的感觉，是个非常有创意的设计。纹理的选择也很合适，与水底效果相得益彰。通过添加 3 个小水滴，使其变成了短信图标，但要注意小水滴的颜色略微重了。

PART

13

第 13 章　高级拟物设计（美工刀）

13.1 美工刀手绘草稿

拟物风格的图标在制作上要比扁平图标和轻拟物图标复杂一点儿，设计师花的精力和时间也要多一些。在做拟物设计之前，我们可以通过手绘的方式，将自己的想法简单勾画出来，有助于我们把握整体效果，也方便向别人展示。

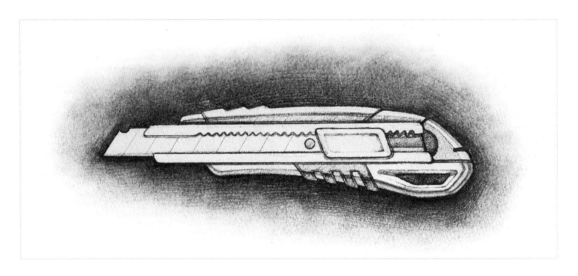

13.2 美工刀材质绘制注意事项

1. 整体色调不一致

美工刀下半部分的颜色属于低饱和度色系，上半部分属于高饱和度色系；从整体效果来看，按照低饱和度来处理更接近真实拟物效果。

2. 投影与整体光源不一致

显而易见，该作品的光源应该在美工刀的上方，那么投影应该在美工刀的下方，并且为暗色，但是我们看到美工刀下方有一条很亮很硬的白光，这就说明光源不一致，应该将下部的白光变暗，增强物体的重量感。

3. 细节处理不当

a. 金属质感：没有考虑金属本身的材质特点，金属在拟物设计当中的使用率极高，所以要把握好金属材质的特点；比如所有的金属都没有绘制反光，只有下半部分做了高光和暗部效果，其他的地方都呈现扁平效果。

b. 塑料质感：塑料和金属放在一起的时候会互相影响，比如塑料的颜色会反射到金属上，金属的颜色会被塑料吸收。

c. 细节问题：很多细节没有处理到位，比如刀槽后面的颜色和细节不准确、推手的材质和摩擦点没有表现出来、刀片过于扁平、刀锋的细节还需要再加强，等等。

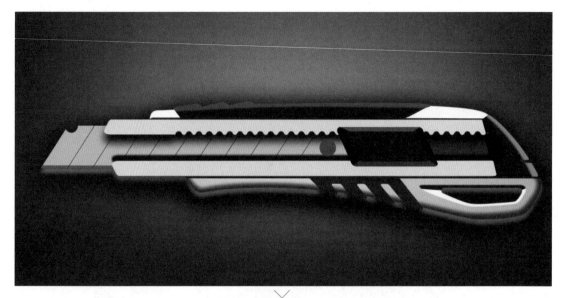

错误案例分析

🖥 13.3 美工刀操作实例

当一款图标里面有两种或两种以上材质的时候，需要注意不同材质在特性上的区别，比如这款美工刀图标，金属与塑料质感的高光和反光要加以区分，金属的高光和反光都比较强烈，塑料质感的光感比较柔和。

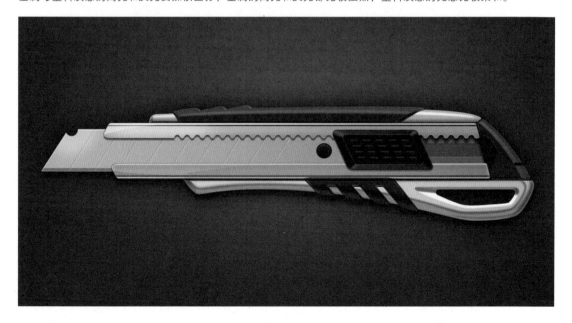

13.3.1 制作背景

01 打开 Photoshop 软件，新建"Art-Knife-test"文档,设置"宽度"为1700像素，"高度"为900像素，"分辨率"为72，再单击"确定"按钮。

02 添加画布背景色。将"背景"图层转换为普通图层，得到"图层0"，然后为其填充颜色为（R:61，G:49，B:59）。

03 绘制背景光。在"图层0"上新建"背景光"图层，使用"椭圆形工具"在背景中绘制一个椭圆，填充颜色为（R:251，G:242，B:230）。

04 将"背景光"图层通过鼠标右键快捷键菜单栅格化，然后执行"滤镜＞模糊＞高斯模糊"菜单命令，打开"高斯模糊"对话框，设置"半径"为260像素。

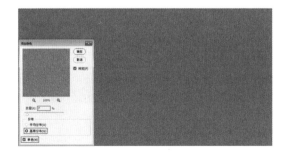

05 在"背景光"图层上面新建一个图层，命名为"背景杂色"，填充颜色为（R:157，G:157，B:157），执行"滤镜＞杂色＞添加杂色"菜单命令，在"添加杂色"对话框中设置"数量"为7%，"分布"为"高斯模糊"，并勾选"单色"选项。

06 将"背景杂色"图层的"图层混合模式"改为"叠加"，"不透明度"改为20%。选择"背景杂色""背景光""图层0"3个图层，编辑成一个图层文件夹(快捷键 Ctrl+G)，将文件组命名为"背景"。

13.3.2　绘制整体轮廓

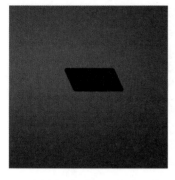 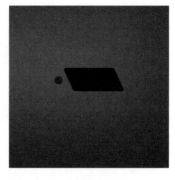 

01 绘制壁纸刀推手的轮廓。使用"圆角矩形工具"绘制一个圆角矩形，大小为 266 像素 ×120 像素，半径为 12 像素，颜色为（R:35，G:33，B:48），然后按快捷键 Ctrl+T 进入自由变换模式，单击鼠标右键，在快捷菜单中选择"斜切"选项，用鼠标调整出图中的效果，接着按 Enter 键确定变换，最后将图层命名为"推手－底"。

02 绘制推手前面的圆点。使用"椭圆形工具"在推手左侧绘制一个圆，大小为 42 像素 ×42 像素，颜色为（R:59，G:63，B:79），图层命名为"推手－圆点"。

03 创建图层组。创建一个"推手"图层组，然后将之前创建的两个图层拖曳到图层组内。

04 绘制刀槽。使用"圆角矩形工具"绘制一个圆角矩形，大小为 1180 像素 ×47 像素，半径为 10 像素，颜色随意，然后使用"直接选择工具"将锚点调整为图示形状，图层命名为"刀槽－下"。

05 将图层"刀槽－下"复制一份，并调整好位置，作为刀槽的上半部分。

06 用布尔运算的方法，去掉上刀槽的多余部分。使用"椭圆形工具"在刀槽上半部分的下边缘绘制多个白色的圆形，并使其均匀分布，然后将这些图层和上刀槽图层做布尔运算合并，接着使用"路径选择工具"选中所有圆形，进行布尔运算，选择"减去顶层形状"选项。

07 使用"椭圆形工具"在上刀槽的弧形之间绘制白色的圆,然后将这些圆和上刀槽图层合并,图层命名为"刀槽-上"。

08 使用"矩形工具"在上下刀槽图层的后面绘制一个矩形,填充颜色为(R:124,G:117,B:145),并使用"直接选择工具"调整右下角的锚点,图层命名"刀槽-后-底"。

09 创建图层组。创建一个"刀槽"图层组,然后将与刀槽有关的图层拖曳到图层组内。

11 绘制一个小圆形,用布尔运算中减去顶层形状的方法减去圆形的部分。

12 绘制刀锋。使用"矩形工具"在图层"刀片-底"的上面绘制一个矩形,大小为1000像素×10像素,颜色为(R:154,G:150,B:164),然后按快捷键 Ctrl+Alt+G 将其创建为剪贴蒙版,图层命名为"刀锋"。

10 绘制刀片。使用"矩形工具"绘制一个矩形,大小为1040像素×130像素,填充颜色为(R:208,G:205,B:217),然后使用"直接选择工具"调整下边缘的锚点,图层命名为"刀片-底"。

13 创建图层组。创建一个"刀片"图层组,然后将"刀片-底"和"刀锋"两个图层拖曳到图层组内。

14 绘制美工刀的上部结构。使用"钢笔工具"在美工刀上部绘制图标图形,颜色为(R:207,G:202,B:223),图层命名为"上结构-底"。

15 绘制美工刀的上部结构的修饰部分。使用"钢笔工具"绘制图标图形,颜色为(R:55,G:54,B:76),图层命名为"上结构-修饰"。

16 创建图层组。创建一个"上结构"图层组,然后将"上结构-修饰"和"上结构-底"两个图层拖曳到图层组内。

17 绘制美工刀的下部结构。使用"钢笔工具"勾画出美工刀下部结构形状,颜色为(R:207,G:202,B:223),图层命名为"下结构-底"。

18 绘制美工刀的下部结构的修饰部分。使用"钢笔工具"勾画出美工刀下部结构修饰形状,颜色为(R:55,G:54,B:76),图层命名为"下结构-修饰"。

19 创建图层组。创建一个"下结构"图层组,然后将"下结构-修饰"和"下结构-底"两个图层拖曳到图层组内。

20 绘制美工刀的右部结构。使用"钢笔工具"勾画出美工刀右侧形状，颜色为（R:36，G:37，B:37），图层命名为"右结构 – 底"。

21 绘制美工刀的右部结构的修饰部分。使用"钢笔工具"在图层"右结构 – 底"上绘制图形，填充颜色为（R:55，G:54，B:76），然后使用"椭圆形工具"在图形上绘制一个圆，将两个图形合并图层后，通过布尔运算减去圆形部分，再按快捷键 Ctrl+Alt+G 将其创建为剪贴蒙版，图层命名为"右结构 – 修饰"。

22 创建图层组。创建一个"右结构"图层组，然后将"右结构 – 修饰"和"右结构 – 底"两个图层拖曳到图层组内。

13.3.3　绘制美工刀的阴影

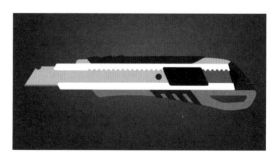

01 将"背景"图层组外的所有图层组复制一份，然后按快捷键 Ctrl+E 合并为"阴影1"图层，再拖曳到"背景"图层组上面。

02 将"阴影1"图层通过鼠标右键快捷菜单转换为智能对象，然后双击该图层，打开"图层样式"对话框，单击"颜色叠加"选项，将"混合模式"的颜色改为（R:32，G:16，B:31）。

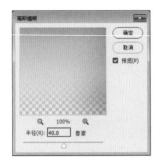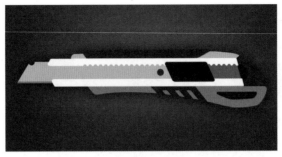

03 执行"滤镜 > 模糊 > 高斯模糊"菜单命令，打开"高斯模糊"对话框，设置"半径"为 40 像素。

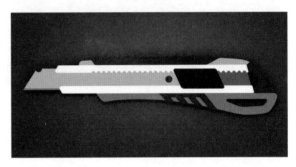

04 将"阴影 1"图层复制一份，命名为"阴影 2"，然后调整"高斯模糊"的"半径"为 5 像素，再将图层的"不透明度"设置为 50%，最后将这层阴影向下移动 15 像素。

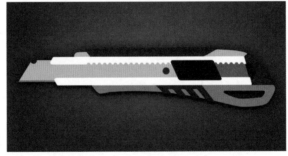

05 将"阴影 1"图层复制一份，命名为"阴影 3"，然后拖曳到"阴影 2"图层上面，并删除智能滤镜"高斯模糊"，再打开"图层样式"对话框，单击"外发光"选项，设置"混合模式"为"正片叠底"，"不透明度"为 15%，发光"颜色"为（R:59，G:42，B:73），再设置"大小"为 8 像素。

06 创建一个"阴影"图层组，然后将 3 个阴影图层拖曳到图层组内。

13.3.4　细致刻画推手

01 双击"推手－底"图层，打开"图层样式"对话框，单击"描边"选项，设置"大小"为2像素，"位置"为"外部"，"颜色"为（R:57，G:41，B:52）。

02 单击"外发光"选项，设置"混合模式"为"正片叠底"，"不透明度"为13%，发光"颜色"为（R:34，G:33，B:48），再设置"方法"为"精确"，"扩展"为100%，"大小"为4像素。

 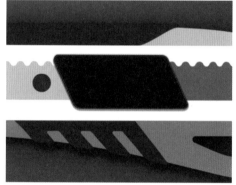 

03 单击"投影"选项，设置"颜色"为（R:67，G:54，B:64），"不透明度"为38%，取消勾选"使用全局光"选项，再设置"距离"为4像素，"扩展"为66%，"大小"为5像素。

04 将"推手－底"复制一份，图层改名"推手－上结构"，并按快捷键Ctrl+T将其缩小，然后删除"投影"样式。

05 单击"描边"选项，在"图层样式"对话框中设置"不透明度"为52%，"填充类型"为"渐变"，然后单击"点按可编辑渐变"按钮打开"渐变编辑器"，设置节点位置为0%的颜色为（R:104，G:117，B:132），节点位置为70%颜色为（R:122，G:133，B:145），节点位置为100%的颜色为（R:80，G:76，B:101），再设置"角度"为0度。

06 单击"渐变叠加"选项，单击"点按可编辑渐变"按钮打开"渐变编辑器"，设置节点位置为 0% 的颜色为（R:77，G:73，B:92），节点位置为 14% 和 100% 的颜色都为（R:34，G:33，B:48），再设置"角度"为 21 度。

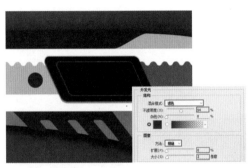

07 单击"外发光"选项，设置"混合模式"为"滤色"，"不透明度"为 54%，发光"颜色"为（R:65，G:72，B:89），再修改"扩展"为 0%，"大小"为 2 像素。

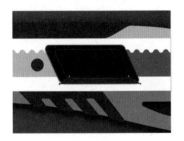

08 使用"矩形工具"在"推手 - 底"上绘制一个矩形，颜色为（R:56，G:64，B:74），然后使用"直接选择工具"调整上边缘的锚点，再更改图层名称为"推手左右渐变 - 下"。

09 双击图层"推手左右渐变 - 下"，打开"图层样式"对话框，单击"渐变叠加"选项，然后单击"点按可编辑渐变"按钮打开"渐变编辑器"，设置"预设"为"前景到透明渐变"，再设置节点位置为 0% 的颜色为（R:85，G:77，B:94），节点位置为 100% 的颜色为（R:64，G:72，B:79），再设置"角度"为 0 度。

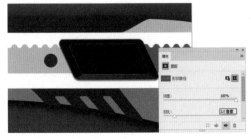

10 选中"推手左右渐变 - 下"图层，在"属性"面板中设置"羽化"为 3 像素，然后按快捷键 Ctrl+Alt+G 将其创建为"推手—底"图层的剪贴蒙版。

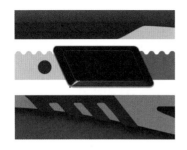

11 使用"钢笔工具"在图示位置绘制图形，颜色为（R:225，G:208，B:235），然后更改图层名称为"推手－下－左反光"。

12 在"属性"面板中设置"羽化"为2像素，然后按快捷键Ctrl+Alt +G 将其创建为"推手－下－左反光"图层的剪贴蒙版。

13 使用"钢笔工具"在图示位置绘制图形，颜色为（R:107，G:113，B:120），然后更改图层名称为"推手－上－左高光"。

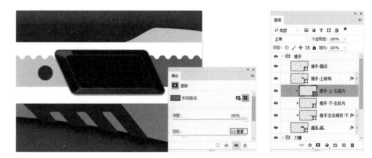

14 在"属性"面板中设置"羽化"为3像素，然后按快捷键Ctrl+Alt +G 将其创建为"推手－下－左反光"图层的剪贴蒙版。

15 使用"钢笔工具"在"推手－底"的右上角绘制图形，颜色为（R:93，G:105，B:121），然后更改图层名称为"推手－上－右反光"。

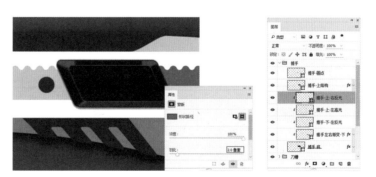

16 在"属性"面板中设置"羽化"为2像素，然后按快捷键Ctrl+Alt +G 将其创建为"推手－上－左高光"图层的剪贴蒙版。

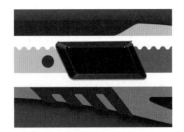

17 使用"钢笔工具"在推手的上方绘制图形，颜色为（R:56，G:64，B:74），然后更改图层名称为"推手左右渐变－上"。

18 在"属性"面板中设置"羽化"为1像素，然后双击该图层，打开"图层样式"对话框，单击"渐变叠加"选项，设置"渐变"颜色为从（R:81，G:77，B:100）到（R:44，G:53，B:65），再设置"角度"为0度，最后按快捷键 Ctrl+Alt+G 将其创建为"推手－上－右反光"图层的剪贴蒙版。

19 将图层"推手左右渐变－上"到"推手－底"选中，按快捷键 Ctrl+G 创建一个图层组，并命名为"推手底－结构"。

20 使用"矩形工具"在"推手－上结构"上绘制一个矩形，填充颜色为（R:61，G:64，B:81），然后使用"直接选择工具"调整锚点，再更改图层名称为"推手－摩擦点"。

21 双击"推手－摩擦点"图层，打开"图层样式"对话框，单击"斜面和浮雕"选项，设置"深度"为1000%，"方向"为"下"，"大小"为1像素，"角度"为－90度，然后取消勾选"使用全局光"选项，再设置"高度"为37度，"高光模式"的颜色为（R:113，G:120，B:132），"不透明度"为41%，最后设置"阴影模式"为"叠加"，"阴影模式"的颜色为（R:34，G:33，B:48），"不透明度"为29%。

22 单击"渐变叠加"选项，设置"混合模式"为"正片叠底"，"不透明度"为71%，然后单击"点按可编辑渐变"按钮打开"渐变编辑器"，设置"预设"为"前景色到透明渐变"，再设置节点位置为0%的颜色为（R:34，G:38，B:37），节点位置为100%的颜色为（R:44，G:69，B:92），最后单击"确定"按钮。

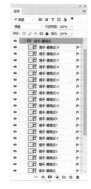

23 选中图层"推手–摩擦点",按快捷键 Ctrl+G 创建一个图层组,命名为"推手–摩擦点",然后按快捷键 Ctrl+J 将图层"推手–摩擦点"复制 19 份,再调整它们在画布中的位置。

24 将图层"推手–摩擦点"的样式复制粘贴到"推手–圆点"上,然后打开"图层样式"对话框,单击"斜面和浮雕"选项,修改"深度"为 341%,"阴影模式"为"正片叠底","阴影模式"的颜色为黑色,"不透明度"为 55%。

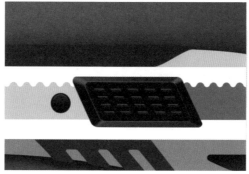

25 单击"描边"选项,设置"大小"为 3 像素,"位置"为"外部","颜色"为(R:36,G:37,B:37)。

13.3.5　细致刻画刀槽

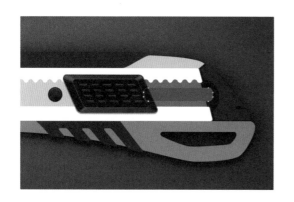

01 使用"圆角矩形工具"在"刀槽–后–底"上绘制一个圆角矩形,"半径"为 15 像素,填充颜色为(R:101,G:94,B:123),然后更改图层名称为"刀槽–后–修饰"。

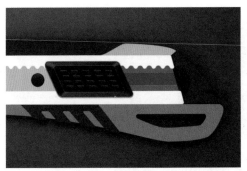

02 双击"刀槽－后－修饰"图层，打开"图层样式"对话框，单击"斜面和浮雕"选项，设置"大小"为3像素，"角度"为－90度，然后取消勾选"使用全局光"选项，接着设置"高度"为32度，"高光模式"的"不透明度"为32%，再设置"阴影模式"的颜色为（R:214，G:214，B:227），"不透明度"为100%。

03 选中"刀槽－后－修饰"图层，按快捷键Ctrl+Alt+G将其创建为"刀槽－后－底"图层的剪贴蒙版。

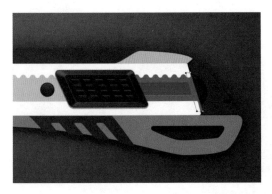

04 使用"钢笔工具"在"刀槽－后－修饰"上绘制图示图形，填充颜色为（R:124，G:117，B:145），然后更改图层名称为"刀槽－后－结构"。

05 双击"刀槽－后－结构"图层，打开"图层样式"对话框，单击"描边"选项，设置"大小"为1像素，"位置"为"外部"，"不透明度"为55%，"颜色"为（R:188，G:178，B:196）。

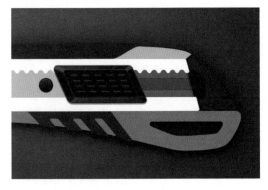

06 选中"刀槽－后－结构"图层，按快捷键Ctrl+Alt+G将其创建为图层"刀槽－后－修饰"图层的剪贴蒙版，然后设置"图层混合模式"为"正片叠底"，"不透明度"为34%。

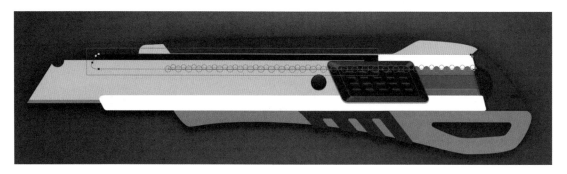

07 将图层"刀槽－上"复制一份，更改图层名称为"刀槽－上－阴影"，然后隐藏原图层，使用布尔运算方法减去前面部分。

08 双击"刀槽－上－阴影"图层，打开"图层样式"对话框，单击"投影"选项，设置"颜色"为（R:86，G:73，B:95），"不透明度"为60%，取消勾选"使用全局光"选项，再设置"距离"为16像素，"大小"为4像素。

09 选中"刀槽－上－阴影"图层，按快捷键Ctrl+Alt+G将其创建为"刀槽－后－结构"图层的剪贴蒙版，然后显示"刀槽－上"图层。

10 创建一个"刀槽－后"图层组，然后将与"刀槽－后"相关的图层拖曳到图层组内。

11 双击"刀槽－下"图层，打开"图层样式"对话框，单击"描边"选项，设置"大小"为1像素，"位置"为"外部"，"颜色"为（R:94，G:99，B:112）。

12 单击"内发光"选项，设置"混合模式"为"柔光"，"不透明度"为75%，"颜色"为白色，"大小"为13像素。

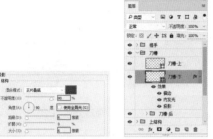

13 单击"投影"选项，设置"颜色"为（R:91，G:87，B:105），"不透明度"为90%，取消勾选"使用全局光"选项，再设置"距离"为6像素，"大小"为6像素。

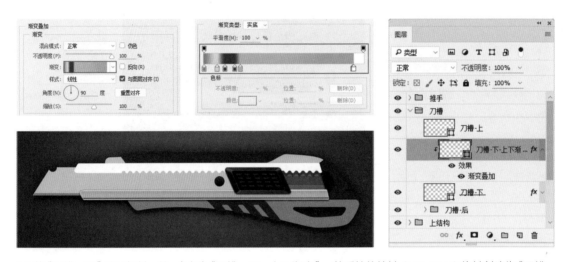

14 将"刀槽－下"图层复制一份，命名为"刀槽－下－上下渐变"，然后按快捷键Ctrl+Alt+G将其创建为"刀槽－下"图层的剪贴蒙版，接着修改"刀槽－下－上下渐变"图层样式，单击"渐变叠加"选项，再单击"点按可编辑渐变"按钮打开"渐变编辑器"，设置节点位置为0%的颜色为（R:165，G:144，B:173），节点位置为8%的颜色为（R:216，G:223，B:225），节点位置为13%的颜色为（R:78，G:71，B:99），节点位置为19%的颜色为（R:78，G:71，B:99），节点位置为23%的颜色为（R:197，G:192，B:211），节点位置为93%的颜色为（R:185，G:179，B:203），节点位置为94%的颜色为白色，最后单击"确定"按钮。

15 将"刀槽－下－上下渐变"图层复制一份，命名为"刀槽－下－左右渐变"，然后打开"图层样式"对话框，单击"渐变叠加"选项，设置"混合模式"为"正片叠底"，接着单击"点按可编辑渐变"按钮打开"渐变编辑器"，设置节点位置为0%的颜色为白色，"不透明度"为0%，节点位置为100%的颜色为（R:173，G:168，B:186），啊"不透明度"为55%，最后单击"确定"按钮，设置"角度"为0度。

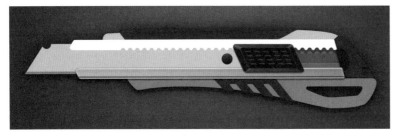

16 设置"刀槽－下－左右渐变"图层的"填充"为0%，然后按快捷键Ctrl+Alt+G将其创建为"刀槽－下－上下渐变"图层的剪贴蒙版。

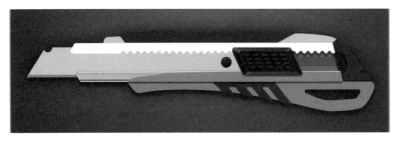

17 为"刀槽－下"绘制光感。使用"钢笔工具"绘制图示图形，颜色随意，并将图层命名为"刀槽－下－光感1"。

18 将"刀槽－下－左右渐变"的图层样式复制粘贴到该图层上，然后打开"图层样式"对话框，修改"混合模式"为"正常"，接着单击"点按可编辑渐变"按钮打开"渐变编辑器"，修改节点位置为0%的颜色为（R:116，G:102，B:130），节点位置为100%的颜色为白色，再单击"确定"按钮。

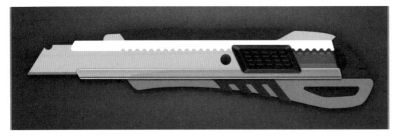

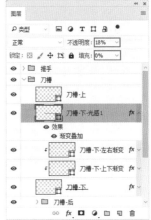

19 设置"刀槽－下－光感1"图层的"不透明度"为18%，"填充"为0%，然后按快捷键Ctrl+Alt+G将其创建为"刀槽－下－左右渐变"图层的剪贴蒙版。

20 使用"钢笔工具"在"刀槽-下-光感1"上绘制图示图标，填充颜色为（R:57，G:41，B:52），然后更改图层名称为"刀槽-下-光感2"。

21 修改"刀槽-下-光感2"图层的"图层混合模式"为"正片叠底"，"不透明度"为60%。

22 使用"钢笔工具"在"刀槽-下-光感2"上绘制图示图标，填充颜色为（R:164，G:157，B:182），然后更改图层名称为"刀槽-下-光感3"，再设置该图层的"不透明度"为70%。

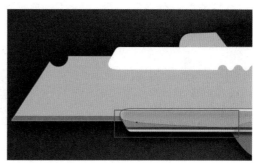

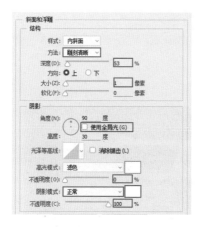

23 创建一个"刀槽-下"图层组，然后将与"刀槽-下"相关的图层拖曳到图层组内。

24 双击"刀槽-上"图层，打开"图层样式"对话框，单击"斜面和浮雕"选项，设置"方法"为"雕刻清晰"，好"深度"为53%，"大小"为1像素，然后取消勾选"使用全局光"选项，再设置"高光模式"的"不透明度"为0%，最后设置"阴影模式"为"正常"，"阴影模式"的"颜色"为白色，"不透明度"为100%。

25 单击"描边"选项，设置"大小"为1像素，"位置"为"外部"，"颜色"为（R:81，G:74，B:105）。

26 单击"投影"选项,设置"颜色"为(R:86,G:73,B:95),"不透明度"为60%,然后取消勾选"使用全局光"选项,再设置"距离"为7像素,"大小"为3像素。

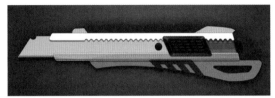

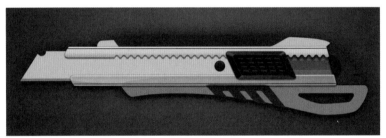

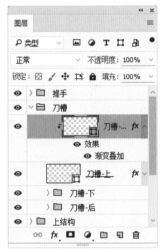

27 将"刀槽-上"图层复制一份,并命名为"刀槽-上-上下渐变",然后将其创建为"刀槽-上"图层的剪贴蒙版,接着为其添加"渐变叠加"图层样式,单击"点按可编辑渐变"按钮打开"渐变编辑器",设置节点位置为0%的颜色为(R:174,G:167,B:191),节点位置为83%的颜色为(R:223,G:214,B:223),节点位置为86%的颜色为(R:66,G:54,B:63),节点位置为90%的颜色为(R:89,G:81,B:115),节点位置为93%的颜色为白色,最后单击"确定"按钮。

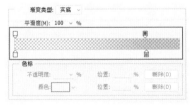

28 将"刀槽-上-上下渐变"图层复制一份,命名为"刀槽-上-左右渐变",然后为其添加"渐变叠加"图层样式,设置"混合模式"为"正片叠底",接着单击"点按可编辑渐变"按钮打开"渐变编辑器",设置"预设"为"前景色到透明渐变",再设置节点位置为0%的颜色为白色,"不透明度"为0%,节点位置为80%的颜色为(R:174,G:167,B:191),节点位置为79%的"不透明度"为49%,最后单击"确定"按钮,设置"角度"为0度。

29 设置"刀槽-上-左右渐变"图层的"填充"为0%，然后按快捷键Ctrl+Alt+G将其创建为"刀槽-下-上下渐变"图层的剪贴蒙版。

30 为"刀槽-上"绘制光感。使用"钢笔工具"在"刀槽-上-左右渐变"上绘制图示图形，填充白色，然后更改图层名称为"刀槽-上-光感1"。

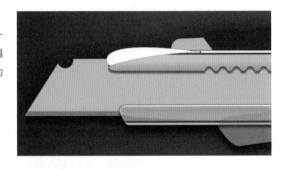

31 设置"刀槽-上-光感1"图层的"图层混合模式"为"柔光"，然后按快捷键Ctrl+Alt+G将其创建为"刀槽-上-左右渐变"图层的剪贴蒙版。

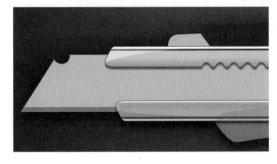

32 使用"椭圆形工具"在"刀槽-上-光感1"上绘制一个白色的圆，然后在"属性"面板中设置"羽化"为30像素，再更改图层名称为"刀槽-上-光感2"。

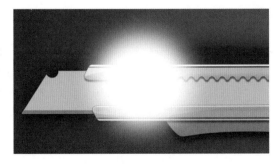

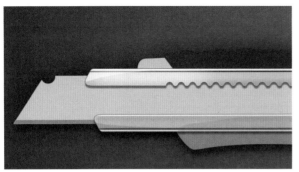

33 设置"刀槽－上－光感 2"图层的"图层混合模式"为"柔光",然后按快捷键 Ctrl+Alt+G 将其创建为"刀槽－上－光感 1"图层的剪贴蒙版。

34 创建一个"刀槽－上"图层组,然后将与"刀槽－上"相关的图层拖曳到图层组内。

13.3.6 细致刻画美工刀的上部结构

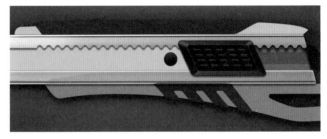

01 双击"上结构－底"图层,打开"图层样式"对话框,单击"描边"选项,设置"大小"为 1 像素,"位置"为"外部","混合模式"为"正片叠底","颜色"为(R:112, G:107, B:127)。

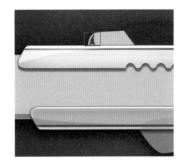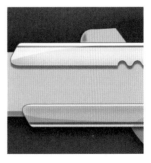

02 在"上结构－底"左侧绘制图示图形,填充颜色为(R:78, G:75, B:92),然后更改图层名称为"上结构－左结构"。

03 在"属性"面板中设置"羽化"为 1.4 像素,然后在"图层"面板中设置"不透明度"为 50%,再按快捷键 Ctrl+Alt+G 将其创建为图层"上结构－底"的剪贴蒙版。

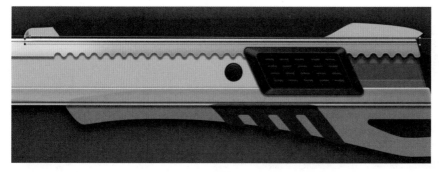

04 使用"钢笔工具"在图层"上结构－左结构"上绘制图示图标，颜色为（R:58，G:66，B:76），然后更改图层名称为"上结构－下"，再按快捷键 Ctrl+Alt+G 将其创建为图层"上结构－下"的剪贴蒙版。

05 使用"矩形工具"在图层"上结构－左结构"上面绘制一个矩形，大小为1062 像素 ×10 像素，颜色为（R:87，G:84，B:103），然后更改图层名称为"上结构－下结构"。

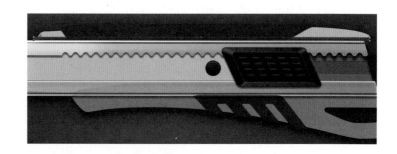

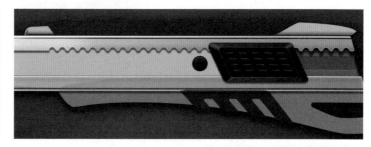

06 在"属性"面板中设置"羽化"为 3 像素，然后在"图层"面板中设置"不透明度"为 50%，再按快捷键 Ctrl+Alt+G 将其创建为图层"上结构－左结构"的剪贴蒙版。

07 使用"钢笔工具"在图层"上结构－下"上绘制图示图形，颜色为白色，然后更改图层名称为"上结构－高光"。

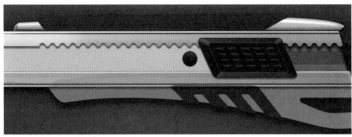

08 在"属性"面板中设置"羽化"为2像素，然后按快捷键 Ctrl+Alt+G 将其创建为"上结构－下"的剪贴蒙版。

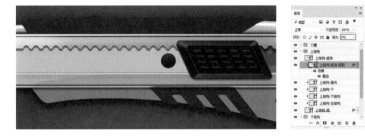

09 将"上结构－修饰"图层复制一份，并命名为"上结构－修饰－阴影"，然后将其向下拖曳一层，接着为其添加"描边"图层样式，设置"大小"为2像素，"混合模式"为"叠加"，"颜色"为黑色。

10 设置该图层的"填充"为0%，然后将其创建为"上结构－高光"图层的剪贴蒙版。

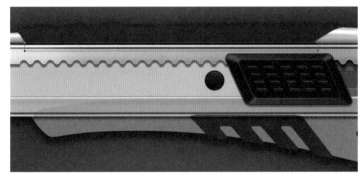

11 创建一个"上结构－底"图层组，然后将与"上结构－底"相关的图层拖曳到图层组内。

12 使用"矩形工具"在"上结构－修饰"上绘制一个矩形，颜色为（R:31，G:30，B:55），然后更改图层名称为"上结构－修饰－下"。

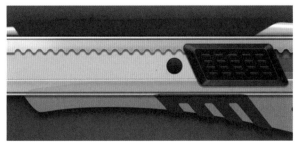

13 按快捷键 Ctrl+Alt+G 将该图层创建为"上结构－修饰"图层的剪贴蒙版，然后为图层添加"描边"图层样式，设置"大小"为1像素，"不透明度"为14%，"颜色"为（R:141，G:139，B:156）。

14 使用"钢笔工具"在"上结构 - 修饰 - 下"上绘制图示图形，颜色为（R:125，G:124，B:138），然后更改图层名称为"上结构 - 修饰 - 上"。

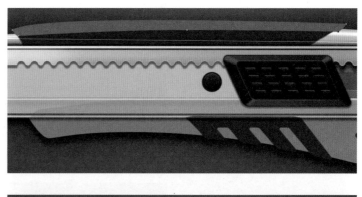

15 在"属性"面板中设置"羽化"为 2 像素，然后在"图层"面板中设置"不透明度"为 60%，再按快捷键 Ctrl+Alt+G 将其创建为图层"上结构 - 左结构"的剪贴蒙版。

16 使用"钢笔工具"在图层"上结构 - 修饰 - 上"上面绘制图示图形，颜色为（R:232，G:229，B:241），然后更改图层名称为"上结构 - 修饰 - 高光"。

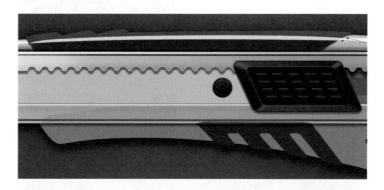

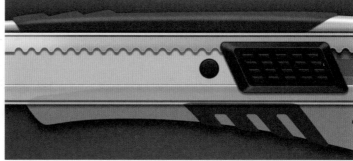

17 在"属性"面板中设置"羽化"为 2 像素，然后在"图层"面板中设置"不透明度"为 40%，再按快捷键 Ctrl+Alt+G 将其创建为图层"上结构 - 左结构"的剪贴蒙版。

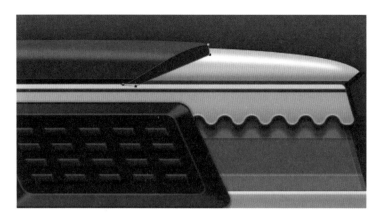 

18 使用"钢笔工具"在"上结构－修饰－高光"上绘制图示图形，颜色为（R:41，G:48，B:56），然后按快捷键 Ctrl+Alt+G 将其创建为下面图层的剪贴蒙版，再更改图层名称为"上结构－修饰－右结构"。

19 在"图层样式"对话框中单击"渐变叠加"选项，然后单击"点按可编辑渐变"按钮打开"渐变编辑器"，设置节点位置为 0% 的颜色为（R:44，G:54，B:66），节点位置为 62% 的颜色为（R:36，G:37，B:37），节点位置为 100% 的颜色为（R:96，G:106，B:119），再单击"确定"按钮。

20 单击"描边"选项，设置"大小"为 1 像素，"位置"为"外部"，"不透明度"为 16%，"颜色"为白色。

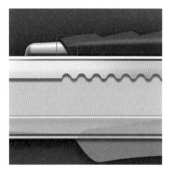  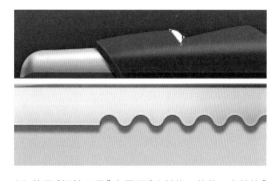

21 使用相同的方法绘制出"上结构－修饰－左结构"，并将"上结构－修饰－右结构"图层的"描边"样式复制粘贴到该图层上，然后在"描边"样式中修改"不透明度"为 20%。

22 使用"钢笔工具"在图层"上结构－修饰－左结构"上面绘制图示图形，颜色为白色，然后更改图层名称为"上结构－修饰－细节 1"。

23 在"属性"面板中设置"羽化"
为 1 像素，然后在"图层"面板
中设置"不透明度"为 18%，再
按快捷 Ctrl+Alt+G 将其创建为
图层"上结构－左结构"的剪贴
蒙版。

24 将"上结构－修饰－细节 1"
图层复制两份，图层命名分别为
"上结构－修饰－细节 2"和"上
结构－修饰－细节 3"，再拖曳
到合适位置。

25 使用"矩形工具"在图层"上
结构－修饰"上面绘制一个矩形，
颜色为（R:144,G:144,B:144），
然后更改图层名称为"上结构－
修饰－材质"，再将图层栅格化。

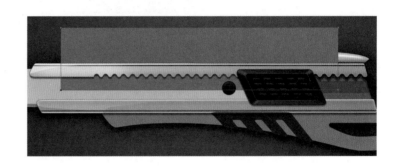

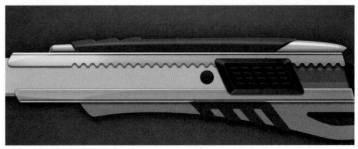

26 按快捷键 Ctrl+Alt+G 将图层创建为"上结构－细节 3"的剪贴蒙版，然后执行"滤镜 > 杂色 > 添加杂色"
菜单命令，打开"添加杂色"对话框，设置"数量"为 5%，选择"高斯分布"选项，勾选"单色"选项，单击
"确定"按钮，再设置"图层混合模式"为"叠加"，"不透明度"为 24%。

27 创建一个"上结构－修饰"图层组，然后将与"上结构－修饰"相关的图层拖曳到图层组内。

13.3.7　细致刻画美工刀的下部结构

01 双击"下结构－底"图层，打开"图层样式"对话框，单击"描边"选项，设置"大小"为1像素，"不透明度"为50%，"颜色"为（R:117，G:106，B:115）。

02 使用"钢笔工具"在"下结构－底"上绘制图示图形，颜色为白色，然后更改图层名称为"下结构－亮面"。

03 在"图层样式"对话框中单击"渐变叠加"选项，然后单击"点按可编辑渐变"按钮打开"渐变编辑器"，设置节点位置为0%的颜色为（R:236，G:235，B:245），节点位置为28%的颜色为（R:246，G:245，B:251），它节点位置为100%的颜色为（R:217，G:216，B:233），再单击"确定"按钮。

04 在"属性"面板中设置"羽化"为 4 像素，然后在"图层"面板中设置"不透明度"为 90%，再键 Ctrl+Alt+G 将其创建为图层"下结构 – 亮面"的剪贴蒙版。

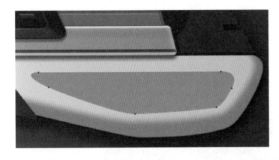

05 使用"钢笔工具"在"下结构 – 亮面"上绘制图示图形，颜色为（R:163，G:158，B:179），然后更改图层名称为"下结构 – 镂空底"。

06 双击图层"下结构 – 镂空底"，打开"图层样式"对话框，单击"描边"选项，设置"大小"为 1 像素统，"位置"为"外部"，"填充类型"为"渐变"，然后单击"点按可编辑渐变"按钮打开"渐变编辑器"，设置"预设"为"前景色到透明渐变"，再设置节点位置为 0% 的颜色为（R:167，G:175，B:173），"不透明度"为 80%，节点位置为 18% 的颜色为（R:167，G:175，B:183），"不透明度"为 0%，再设置"角度"为 –90 度。

07 单击"内发光"选项，设置"混合模式"为"正常"，"不透明度"为 36%，发光"颜色"为（R:192，G:210，B:221）、"大小"为 5 像素。

08 使用"钢笔工具"在图层"下结构 – 镂空底"上面绘制图示图形，颜色白色，然后更改图层名称为"下 – 镂空 – 亮面"，再按快捷键 Ctrl+Alt+G 将其创建为"下结构 – 镂空底"图层的剪贴蒙版。

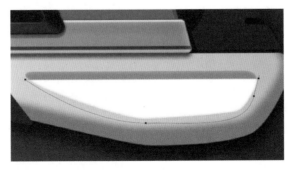
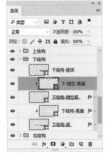

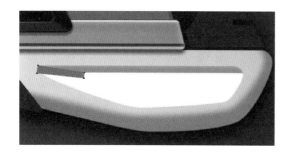

09 使用"钢笔工具"在图层"下－镂空－亮面"上绘制图示图形，颜色为（R:225，G:208，B:235），然后更改图层名称为"下－镂空－暗面1"。

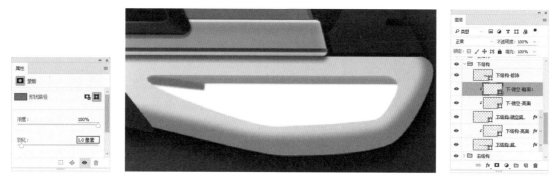

10 在"属性"面板中设置"羽化"为1像素，然后按快捷键 Ctrl+Alt+G 将其创建为"下－镂空－亮面"图层的剪贴蒙版。

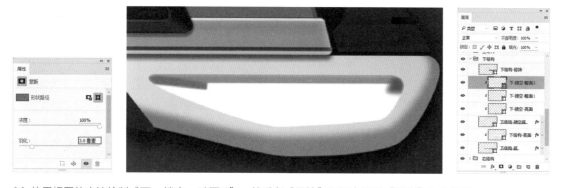

11 使用相同的方法绘制"下－镂空－暗面1"，然后在"属性"面板中设置"羽化"为3像素。

12 选中图示图层，然后将其转换为智能对象，并命名为"下－镂空"，然后按快捷键 Ctrl+Alt+G 将其创建为"下结构－亮面"图层的剪贴蒙版。

13 使用"钢笔工具"在图层"下－镂空"上面绘制图示图形，颜色为（R:178，G:167，B:196），然后更改图层名称为"下结构－暗面"。

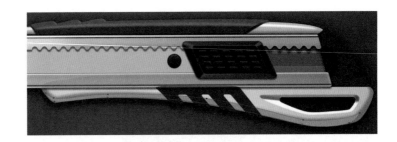

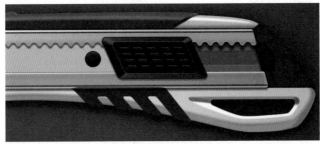

14 在"属性"面板中设置"羽化"为2像素，然后按快捷键Ctrl+Alt+G将其创建为"下－镂空"图层的剪贴蒙版。

15 使用"钢笔工具"在图层"下结构－暗面"的右端绘制图示图形，颜色为（R:78，G:75，B:92），然后更改图层名称为"下结构－暗面2"，再按快捷键Ctrl+Alt+G将其创建为"下结构－暗面"图层的剪贴蒙版。

16 在"属性"面板中设置"羽化"为3像素，然后为图层添加图层蒙版，再使用灰色的柔边缘"画笔工具"涂抹图形的上端。

17 使用"钢笔工具"在图层"下结构－暗面2"上面绘制图示图形，颜色为（R:65，G:62，B:79），然后更改图层名称为"下结构－暗面3"。

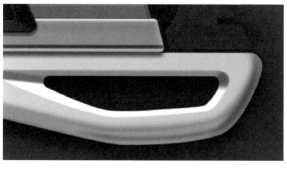

18 在"属性"面板中设置"羽化"为2像素，然后设置图层的"不透明度"为40%，再按快捷键Ctrl+Alt+G将其创建为"下结构－暗面2"图层的剪贴蒙版。

19 在图层"下结构－暗面3"上面，使用"钢笔工具"绘制图示图形，颜色随意，图层命名为"下－明暗交界线"。

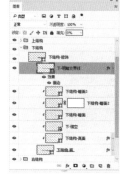

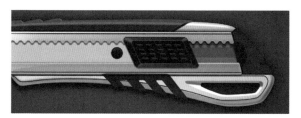

20 打开"图层样式"对话框，单击"描边"选项，设置"大小"为3像素，"位置"为"外部"，"颜色"为（R:57，G:55，B:76），然后设置图层的"填充"为0%。

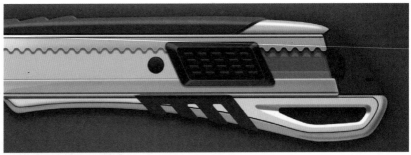

21 将图层转换为智能对象，然后打开"图层样式"对话框，单击"渐变叠加"选项，然后单击"点按可编辑渐变"按钮打开"渐变编辑器"，设置节点位置为 25% 的颜色为（R:75，G:72，B:89），位置为 61% 的颜色为黑色，节点位置为 83% 的颜色为（R:59，G:56，B:73），再设置"角度"为 0 度。

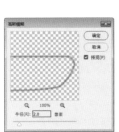

22 选中"下 – 明暗交界线"图层，执行"滤镜 > 模糊 > 高斯模糊"菜单命令，打开"高斯模糊"对话框，设置"半径"为 2 像素，然后设置图层的"不透明度"为 60%，再按快捷键 Ctrl+Alt+G 将其创建为"下结构 – 暗面 3"图层的剪贴蒙版。

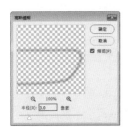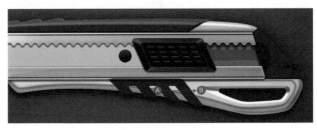

23 加深尾部明暗交界线。将"下 – 明暗交界线"图层复制一份，命名为"下 – 明暗交界线 2"，然后向下移动一层，再将复制图层的"高斯模糊"的"半径"修改为 3 像素。

24 为"下 – 明暗交界线 2"添加图层蒙版并选中，然后选择"渐变工具"，设置为"黑，白渐变"，再由 A 向 B 进行拖曳。

25 在图层"下 – 明暗交界线"上面，使用"钢笔工具"绘制图示图形，颜色为（R:58，G:66，B:76），然后更改图层名称为"下结构 – 上"。

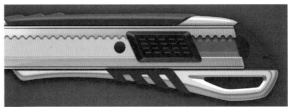

26 打开"图层样式"对话框，单击"描边"选项，设置"大小"为1像素，"位置"为"外部"，"颜色"为白色，再按快捷键 Ctrl+Alt+G 将其创建为"下－明暗交界线"图层的剪贴蒙版。

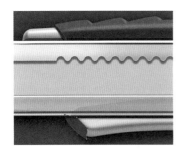

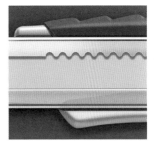

27 在图层"下结构－上"上面，使用"钢笔工具"绘制图示图形，颜色为（R:79，G:76，B:93），然后更改图层名称为"下结构－左结构"。

28 在"属性"面板中设置"羽化"为2像素，然后设置图层的"不透明度"为20%，再按快捷键 Ctrl+Alt+G 将其创建为"下结构－暗面2"图层的剪贴蒙版。

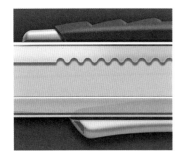

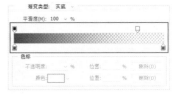

29 在图层"下结构－左结构"上面，使用"钢笔工具"绘制图示图形，颜色为（R:75，G:89，B:102），然后更改图层名称为"下结构－加强点"。

30 打开"图层样式"对话框，单击"渐变叠加"选项，然后单击"点按可编辑渐变"按钮打开"渐变编辑器"，设置节点位置为0%的颜色为（R:96，G:74，B:112），节点位置为100%的颜色为（R:97，G:96，B:113），节点位置为83%的"不透明度"为0%，再单击"确定"按钮，最后设置"角度"为-62度。

 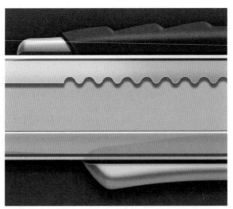 

31 设置图层的"不透明度"为 60%，"填充"为 0%，然后按快捷键 Ctrl+Alt+G 将其创建为"下结构－暗面 2"图层的剪贴蒙版。

32 将"下结构－修饰"图层复制一份，命名为"下结构－修饰－阴影"，然后向下移动一层，再按快捷键 Ctrl+Alt+G 将其创建为"下结构－加强点"图层的剪贴蒙版。

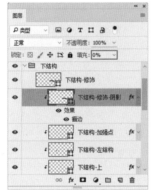 

33 打开"下结构－修饰－阴影"图层样式对话框，单击"描边"选项，设置"大小"为 2 像素，"位置"为"外部"，"颜色"为（R:31，G:30，B:48），然后设置图层的"填充"为 0%。

34 创建一个"下结构－底"图层组，然后将与"下结构－底"相关的图层拖曳到图层组内。

35 在"下结构－修饰"图层上面，使用"钢笔工具"绘制图示图形，颜色随意，图层命名为"下结构－修饰－左结构"。

36 在"图层样式"对话框中单击"渐变叠加"选项，然后单击"点按可编辑渐变"按钮打开"渐变编辑器"，设置节点位置为 10% 的颜色为（R:73，G:72，B:97），节点位置为 90% 的颜色为（R:88，G:87，B:112），再单击"确定"按钮，最后设置"角度"为 -90 度。

37 单击"描边"选项，设置"大小"为 1 像素，"位置"为"外部"，"混合模式"为"正片叠底"，"不透明度"为 11%，"颜色"为（R:38，G:47，B:58），然后将其创建为"下结构 - 修饰"图层的剪贴蒙版。

38 在"下结构 - 修饰"图层上面，使用"钢笔工具"绘制图示图形，颜色随意，图名命名为"下结构 - 修饰 - 右结构"。

39 在"图层样式"对话框中单击"渐变叠加"选项，然后单击"点按可编辑渐变"按钮打开"渐变编辑器"，设置节点位置为 10% 的颜色为（R:73，G:72，B:97），节点位置为 90% 的颜色为（R:88，G:87，B:112），再单击"确定"按钮。

40 单击"描边"选项，设置"大小"为1像素，"不透明度"为47%，"填充类型"为"渐变"，然后单击"点按可编辑渐变"按钮打开"渐变编辑器"，设置节点位置为0%的颜色为（R:131，G:141，B:152），节点位置为31%的颜色为黑色,节点位置为71%的颜色为（R:107，G:117，B:128）,节点位置为100%的颜色为（R:73，G:84，B:96），然后将其创建为"下结构－修饰"图层的剪贴蒙版。

41 在"下结构－修饰－右结构"图层上面，使用"钢笔工具"绘制图示图形，颜色为（R:57，G:68，B:78），然后更改图层名称为"下结构－修饰－下结构1"。

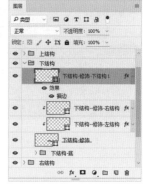

42 单击"描边"选项，设置"大小"为1像素，"位置"为"外部"，"混合模式"为"正片叠底"，"不透明度"为23%，"颜色"为（R:50，G:58，B:73）。

43 在"下结构－修饰－下结构1"图层上面，使用"钢笔工具"依次绘制图示的4个图形，颜色依次为（R:75，G:85，B:95）、（R:33，G:45，B:55）、（R:35，G:42，B:45）、（R:97，G:105，B:113）。

44 在"属性"面板中设置最上面两个图层的"羽化"为1像素，然后选中这4个图层，按快捷键Ctrl+Alt+G将其创建为"下结构－修饰－右结构1"图层的剪贴蒙版。

45 选中下列图层，然后将其转换为智能对象，并命名为"下结构－修饰－下结构1"，然后按快捷键Ctrl+Alt+G将其创建为"下结构－修饰－右结构"图层的剪贴蒙版。

46 打开"图层样式"对话框，单击"颜色叠加"选项，设置"混合模式"为"色相"，"颜色"为（R:58，G:57，B:80）。

47 单击"描边"选项，设置"大小"为1像素，"混合模式"为"正片叠底"，"不透明度"为22%，"颜色"为（R:51，G:59，B:72）。

48 使用相同的方法绘制出"下结构－修饰－下结构2"和"下结构－修饰－下结构3"。

49 在"下结构－修饰－下结构3"图层上，使用"矩形工具"绘制一个矩形，颜色为（R:36，G:43，B:52），然后更改图层名称为"上结构－修饰－上"。

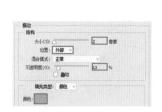

50 打开"图层样式"对话框，单击"描边"选项，设置"大小"为2像素，"位置"为"外部"，"不透明度"为13%，"颜色"为（R:194，G:203，B:207）。

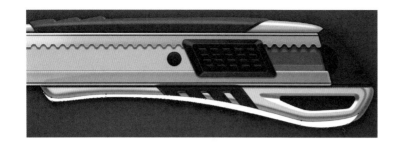

51 在图层"下结构-修饰-上"上面，使用"钢笔工具"绘制图示图形，颜色为白色，然后更改图层名称为"下结构-修饰-反光"。

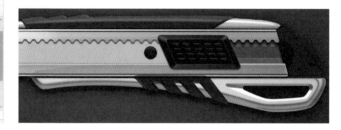

52 在"属性"面板中设置"羽化"为2像素，然后设置图层的"不透明度"为4%，再按快捷键Ctrl+Alt+G将其创建为"下结构-修饰-上"图层的剪贴蒙版。

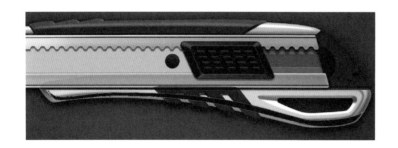

53 在"下结构-修饰-反光"图层上，使用"钢笔工具"绘制图示图形，颜色为（R:34，G:33，B:48），然后更改图层名称为"下结构-修饰-明暗交界线"。

54 在"属性"面板中设置"羽化"为4像素，然后在"图层"面板中设置"图层混合模式"为"叠加"，"不透明度"为55%，再按快捷键Ctrl+Alt+G将其创建为"下结构-修饰-反光"图层的剪贴蒙版。

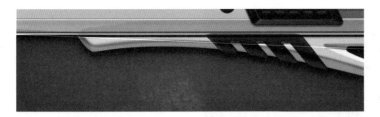

55 将"上结构－修饰－材质"图层复制一份，然后更改图层名称为"下－修饰－材质"，再将图层拖曳到"下结构－修饰－明暗交界线"的上面。

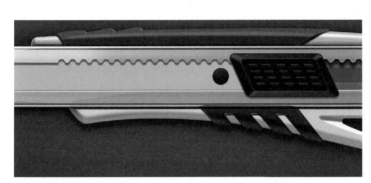

56 按快捷键 Ctrl+Alt+G 将图层创建为"下结构－修饰－明暗交界线"图层的剪贴蒙版。

13.3.8　细致刻画美工刀的右部结构

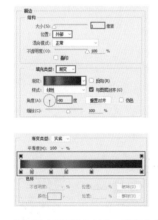
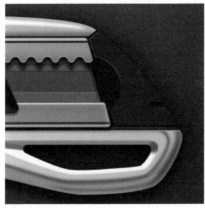

01 双击图层"右结构－修饰"，打开"图层样式"对话框，单击"描边"选项，设置"大小"为1像素，"位置"为"外部"，"填充类型"为"渐变"，然后单击"点按可编辑渐变"按钮打开"渐变编辑器"，设置节点位置为 0% 的颜色为（R:46，G:55，B:63），节点位置为 9% 的颜色为（R:138，G:158，B:164），节点位置为 25% 的颜色为（R:73，G:83，B:92），节点位置为 37% 的颜色为（R:131，G:146，B:150），节点位置为 58% 的颜色为（R:67，G:78，B:88），节点位置为 100% 的颜色为（R:36，G:46，B:54），再设置"角度"为 -90 度。

02 在图层"右结构 – 修饰"上面，使用"钢笔工具"绘制图示图形，颜色为（R:201，G:201，B:208），然后更改图层名称为"右结构 – 反光"。

03 在"属性"面板中设置"羽化"为 3 像素，然后设置图层的"不透明度"为 20%，再按快捷键 Ctrl+Alt+G 将其创建为"右结构 – 修饰"图层的剪贴蒙版。

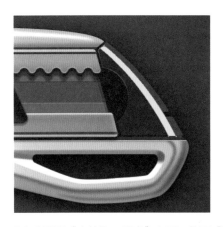

04 在图层"右结构 – 反光"上面，使用"钢笔工具"绘制图示图形，颜色为（R:229，G:236，B:238），然后更改图层名称为"右结构 – 高光"。

05 打开"图层样式"对话框，单击"渐变叠加"选项，设置"渐变"颜色为从（R:123，G:125，B:143）到（R:93，G:95，B:115），再设置"角度"为 –90 度。

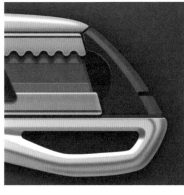

06 在"属性"面板中设置图层的"羽化"为 1 像素，然后按快捷键 Ctrl+Alt+G 将其创建为"右结构 – 反光"图层的剪贴蒙版。

07 将"下－修饰－材质"图层复制一份，然后更改图层名称为"右－修饰－材质"，再将图层拖曳到"右结构－高光"的上面。

08 按快捷键 Ctrl+Alt+G 将图层创建为"右结构－高光"图层的剪贴蒙版。

13.3.9 细致刻画美工刀刀片

01 双击"刀片－底"图层，打开"图层样式"对话框，单击"描边"选项，设置"大小"为1像素，"位置"为"外部"，"填充类型"为"渐变"，"渐变"颜色为从（R:153，G:150，B:167）到（R:86，G:86，B:131）。

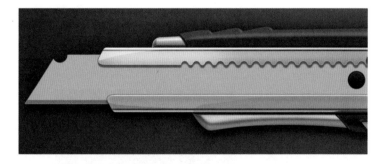

02 单击"内发光"选项，设置"混合模式"为"正常"，"不透明度"为59%，发光"颜色"为白色，再设置"方法"为"精确"，"阻塞"为31%，"大小"为1像素。

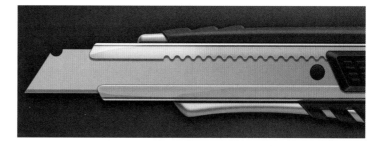

03 将"刀片-底"复制一层，命名为"刀片-左右渐变"，然后按快捷键 Ctrl+Alt+G 将图层创建为"刀片-底"图层的剪贴蒙版。

04 打开"图层样式"对话框，单击"渐变叠加"选项，设置"混合模式"为"正片叠底"，然后单击"点按可编辑渐变"按钮打开"渐变编辑器"，设置"预设"为"前景色到透明渐变"，接着设置节点位置为 0% 的颜色为（R:194，G:190，B:211），节点位置为 100% 的颜色为（R:248，G:250，B:251），再单击"确定"按钮，最后设置"角度"为 –180 度。

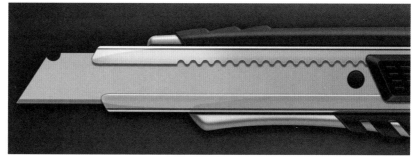

05 调整图层的"不透明度"为 52%，"填充"为 0%。

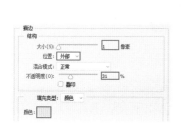

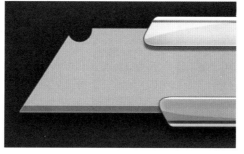

06 双击"刀锋"图层，打开"图层样式"对话框，单击"描边"选项，设置"大小"为 1 像素，"位置"为"外部"，"不透明度"为 31%，"颜色"为（R:236，G:227，B:227）。

07 使用"钢笔工具"在"刀锋"上绘制一条斜线,颜色为(R:183,G:182,B:190),然后更改图层名称为"刀片-细节1",再按快捷键Ctrl+Alt+G将图层创建为"刀锋"图层的剪贴蒙版。

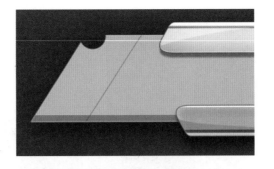

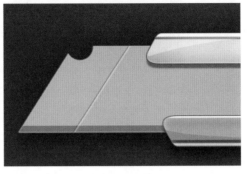

08 打开"图层样式"对话框,单击"投影"选项,设置"混合模式"为"正常","颜色"为白色、"不透明度"为100%,"角度"为-180度,然后取消勾选"使用全局光"选项,再设置"距离"为2像素,"大小"为1像素。

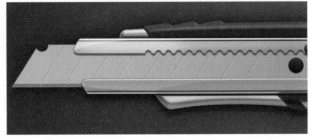

09 将图层"刀片-细节1"复制8份,然后都创建为原图层的剪贴蒙版,接着调整它们在刀片上的位置。

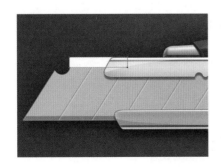

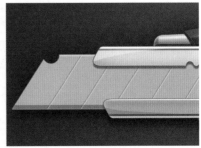

10 使用"矩形工具"在刀片前端的上面绘制一个白色的矩形,然后更改图层名称为"刀片-高光1"。

11 设置"图层混合模式"为"柔光",然后按快捷键Ctrl+Alt+G将其创建为下面图层的剪贴蒙版。

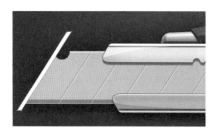  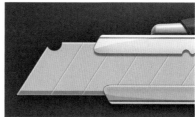

12 在刀片的最前端绘制一个白色的平行四边形,并将图层命名为"刀片 – 高光 2"。

13 设置"图层混合模式"为"柔光",然后按快捷键 Ctrl+Alt+G 将其创建为下面图层的剪贴蒙版。

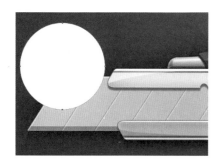  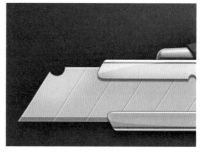

14 使用"椭圆形工具"在刀片左上角绘制一个白色的圆,并将图层命名为"刀片 – 光晕"。

15 设置"图层混合模式"为"柔光","不透明度"为 80%,然后按快捷键 Ctrl+Alt+G 将其创建为下面图层的剪贴蒙版。

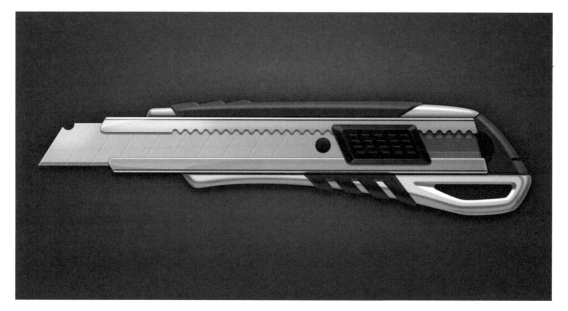

16 美工刀的最终效果如图所示。

13.4 拓展练习

拓展练习

作业点评

本课主要讲解了金属材质高反光效果的处理方法。金属是比较常用的材质，除了本课讲到的刀具外，也常用于表现金币的质感。

张怡琪同学在绘制金币时，应注意其结构特点，即在大平台（币面）上雕刻细小的造型，因此要考虑到其整体与局部的关系。本练习制作的金币将金属质感表现得比较到位，亮部与暗部细节交代得也比较清楚。

PART

14

第 14 章　高级拟物设计（手表）

📱 14.1 手表手绘概念稿

设计图标时，我们的脑海中通常会形成一个雏形，这个雏形大多是圆形、矩形等基本形状的组合。这时，我们可以用 Photoshop 等软件将其描绘出来，以使其具象化。

👆 14.2 手表材质绘制注意事项

在这个实例中，金属材质占了很大一部分，绘制时，应注意表现金属材质明暗差别大、高光和反光都很强的特点。这个实例能更好地帮助大家掌握金属材质的绘制技巧。

错误案例分析

1. 背景太灰、没有层次

背景选用的是灰黑色，没有颜色取向，整体背景看起来欠缺层次。投影和手表之间互相影响，手表没有切实地融入背景当中。

2. 材质光感处理不一致

表链和表盘外圈同为金属材质，但是看起来并没有在一个环境下，表链看起来很亮，表盘看起来很暗；光从上方打过来，在材质一样的前提下，应该是上面亮、下面暗。

3. 金属质感表现不准确

金属属于明暗差别大的材质，但是从表链上看，全部是亮的，看不出每一个表链中的明暗关系；表盘也是如此。

4. 细节表现不到位

表盘是整个手表的视觉中心，3 个指针、12 个刻度都应该体现金属明暗差别大的材质特点，这里处理得太灰了；表冠也是一样，结构明暗不明显，导致结构表现很平；表盘中间贴的材质贴图太大了，显得很粗糙，应该调小一点儿。

🖥 14.3 手表操作实例

下面讲解如何通过渐变叠加的方法表现高档次金属材质。

14.3.1　绘制手表链上部

01 使用 Photoshop 绘制手表雏形，为后期细节设计做准备。

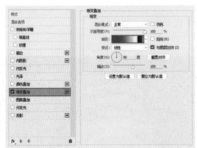

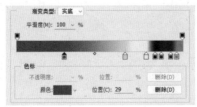

02 绘制手表链上部的材质。选择最前端的左侧链子图层，然后单击图层下方的"创建新的填充或调整图层"按钮，在弹出的"图层样式"对话框中选择"渐变"叠加选项，接着设置"渐变颜色"从（R:113，G:113，B:113）、（R:223，G:223，B:223）、（R:242，G:242，B:242）、（R:24，G:25，B:26）、（R:62，G:63，B:65）、（R:62，G:63，B:65）到（R:163，G:164，B:166）。

03 选择"图层样式"的"描边"选项，然后设置"大小"为2像素，"位置"为"外部"，再设置"颜色"为（R:28，G:28，B:28），完成后单击"确定"按钮。

04 双击上面一层表链图层，然后在弹出的对话框中选择"渐变叠加"选项，接着设置"渐变"颜色从（R:57，G:54，B:55）、（R:10，G:10，B:11）、（R:77，G:79，B:79）、（R:255，G:255，B:255）、（R:226，G:227，B:229）、（R:194，G:194，B:194）、（R:61，G:62，B:62）到（R:90，G:89，B:89）。

05 选择"图层样式"的"描边"选项，然后设置"大小"为2像素，"位置"为"外部"，再设置"颜色"为（R:28，G:28，B:28），完成后单击"确定"按钮。

06 双击再上面一层表链图层，然后在弹出的对话框中选择"渐变叠加"选项，接着设置"渐变"颜色从（R:170，G:170，B:170）、（R:129，G:133，B:134）、（R:10，G:10，B:11）、（R:255，G:255，B:255）、（R:228，G:228，B:230）、（R:80，G:81，B:85）到（R:26，G:30，B:33），再添加描边效果（描边效果和上一图层数值相同）。

07 选择第3块手表链，然后单击鼠标右键在快捷菜单中选择"拷贝图层样式"，接着选择第4块手表链，单击鼠标右键在快捷菜单中选择"粘贴图层样式"。

08 双击再上面一层表链图层，然后在弹出的对话框中选择"渐变叠加"选项，接着设置"渐变"颜色从（R:26，G:26，B:26）、（R:230，G:234，B:235）、（R:230，G:234，B:235）、（R:68，G:70，B:70）到（R:41，G:44，B:44），再添加描边效果。

09 双击最上面一层表链图层，然后在弹出的对话框中选择"渐变叠加"选项，接着设置"渐变"颜色从（R:102，G:103，B:103）、（R:156，G:156，B:156）、（R:188，G:185，B:185）到（R:80，G:84，B:84），再添加描边效果。

TIPS

通过观察，我们发现左侧手表链和右侧的呈对称关系，所以绘制右侧手表链时复制图层样式即可。

10 选择左侧第一块表链图层，然后单击鼠标右键在快捷菜单中选择"拷贝图层样式"，接着选择右侧的第一块手表链，单击鼠标右键在快捷菜单中选择"粘贴图层样式"。

11 使用同样的方法，依次将左侧手表链的图层样式粘贴到右侧手表链上。

12 绘制中间的手表链。双击中间蓝色的第一块表链图层，然后在弹出的对话框中选择"渐变"叠加选项，接着设置"渐变"颜色从（R:78，G:81，B:78）、（R:255，G:255，B:255）、（R:255，G:255，B:255）、（R:199，G:204，B:207）到（R:77，G:78，B:78），再添加描边效果。

13 双击再上面一层表链图层，然后在弹出的对话框中选择"渐变叠加"选项，接着设置"渐变"颜色从（R:32，G:32，B:32）、（R:159，G:163，B:164）、（R:10，G:10，B:11）、（R:249，G:251，B:250）、（R:236，G:236，B:236）、（R:236，G:236，B:236）、（R:67，G:71，B:74）、（R:22，G:26，B:27）到（R:65，G:65，B:65），再添加描边效果。

14 双击再上面的第3块表链图层，然后在弹出的对话框中选择"渐变叠加"选项，接着设置"渐变"颜色从（R:32，G:32，B:32）、（R:180，G:186，B:187）、（R:163，G:165，B:163）、（R:236，G:236，B:236）、（R:10，G:10，B:11）、（R:10，G:10，B:11）、（R:255，G:255，B:255）、（R:236，G:236，B:236）、（R:87，G:91，B:92）到（R:14，G:15，B:15），再添加描边效果。

15 双击再上面第4块表链图层，然后在弹出的对话框中选择"渐变叠加"选项，接着设置"渐变"颜色从（R:32，G:32，B:32）、（R:202，G:203，B:205）、（R:236，G:236，B:236）、（R:10，G:10，B:11）、（R:10，G:10，B:11）、（R:255，G:255，B:255）、（R:236，G:236，B:236）、（R:87，G:91，B:92）到（R:50，G:52，B:52），再添加描边效果。

16 双击再上面第5块表链图层，然后在弹出的对话框中选择"渐变叠加"选项，接着设置"渐变"颜色从（R:10，G:10，B:11）、（R:81，G:82，B:84）、（R:255，G:255，B:255）、（R:236，G:236，B:236）、（R:87，G:91，B:92）到（R:14，G:15，B:15），再添加描边效果。

17 双击再上面第6块表链图层，在弹出的对话框中选择"渐变叠加"选项，接着设置"渐变"颜色从（R:10，G:10，B:11）、（R:81，G:82，B:84）到（R:14，G:15，B:15），再添加描边效果，最后将上部分表链图层按左、中、右划分文件组。

14.3.2 绘制手表链下部

01 绘制手表链下部材质。双击下部表链最上面的黄色图层，然后在弹出的对话框中选择"渐变叠加"选项，接着设置"渐变"颜色从（R:109，G:109，B:109）、（R:146，G:145，B:145）、（R:223，G:223，B:223）、（R:242，G:242，B:242）、（R:24，G:25，B:26）、（R:62，G:63，B:65）、（R:62，G:63，B:65）到（R:163，G:164，B:166），再添加描边效果。

02 双击第2块表链图层，然后在弹出的对话框中选择"渐变叠加"选项，接着设置"渐变"颜色从（R:10，G:10，B:11）、（R:89，G:91，B:92）、（R:10，G:10，B:11）、（R:77，G:79，B:79）、（R:255，G:255，B:255）、（R:226，G:227，B:229）、（R:89，G:90，B:91）、（R:26，G:30，B:31）、（R:26，G:30，B:31）、R:139，G:140，B:142）、（R:139，G:140，B:142）到（R:26，G:30，B:31），再添加描边效果。

03 双击第3块表链图层，然后在弹出的对话框中选择"渐变叠加"选项，接着设置"渐变"颜色从（R:255，G:255，B:255）、（R:228，G:228，B:230）、（R:228，G:228，B:230）、（R:80，G:81，B:85）、（R:26，G:30，B:33）、（R:26，G:30，B:33）到（R:104，G:104，B:104），再添加描边效果。

04 双击第4块表链图层，然后在弹出的对话框中选择"渐变叠加"选项，接着设置"渐变"颜色从（R:170，G:170，B:170）、（R:129，G:133，B:134）、（R:10，G:10，B:11）、（R:10，G:10，B:11）、（R:255，G:255，B:255）、（R:229，G:230，B:232）、（R:32，G:36，B:37）、（R:26，G:30，B:33）到（R:87，G:87，B:87），再添加描边效果。

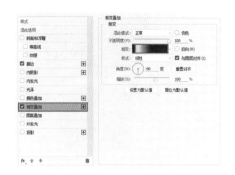

05 双击第5块表链图层，然后在弹出的对话框中选择"渐变叠加"选项，接着设置"渐变"颜色从（R:26，G:26，B:26）、（R:226，G:227，B:228）、（R:155，G:156，B:158）、（R:34，G:35，B:37）到（R:41，G:44，B:44），再添加描边效果。

06 双击第6块表链图层，然后在弹出的对话框中选择"渐变叠加"选项，接着设置"渐变"颜色从（R:34，G:35，B:37）、（R:226，G:227，B:229）、（R:226，G:227，B:229）到（R:80，G:84，B:84），再添加描边效果。

07 将左侧的手表链图层样式依次粘贴到右侧手表链上。

08 绘制中间的手表链。双击中间第一块表链图层，然后在弹出的对话框中选择"渐变叠加"选项，接着设置"渐变"颜色从（R:75，G:75，B:75）、（R:255，G:255，B:255）、（R:199，G:204，B:207）到（R:31，G:33，B:32），再添加描边效果。

09 双击中间第2块表链图层，然后在弹出的对话框中选择"渐变叠加"选项，接着设置"渐变"颜色从（R:32，G:32，B:32）、（R:218，G:220，B:218）、（R:218，G:220，B:218）、（R:10，G:10，B:11）、（R:10，G:10，B:11）、（R:249，G:251，B:250）、（R:236，G:236，B:236）、（R:160，G:164，B:165）、（R:67，G:71，B:74）、（R:22，G:26，B:27）、（R:163，G:165，B:165）到（R:217，G:219，B:218），再添加描边效果。

10 双击中间第3块表链图层，然后在弹出的对话框中选择"渐变叠加"选项，接着设置"渐变"颜色从（R:180，G:186，B:187）、（R:10，G:10，B:11）、（R:10，G:10，B:11）、（R:255，G:255，B:255）、（R:236，G:236，B:237）、（R:87，G:85，B:85）、（R:14，G:15，B:15）到（R:14，G:15，B:15），再添加描边效果。

11 双击中间第 4 块表链图层，在弹出的对话框中选择"渐变叠加"选项，接着设置"渐变"颜色从（R:202，G:203，B:205）、（R:236，G:236，B:236）、（R:10，G:10，B:11）、（R:10，G:10，B:11）、（R:255，G:255，B:255）、（R:236，G:236，B:236）、（R:24，G:28，B:28）、（R:24，G:28，B:28）到（R:50，G:52，B:52），再添加描边效果。

12 双击中间第 5 块表链图层，然后在弹出的对话框中选择"渐变叠加"选项，接着设置"渐变"颜色从（R:10，G:10，B:11）、（R:81，G:82，B:84）、（R:255，G:255，B:255）、（R:236，G:236，B:236）、（R:87，G:91，B:92）、（R:14，G:15，B:15）到（R:81，G:82，B:84），再添加描边效果，最后将上部分表链图层按左、中、右划分文件组。

14.3.3 绘制手表链左右两侧连接处材质

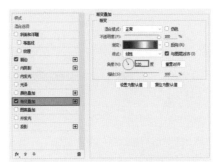

01 绘制手表链左右两侧连接处材质。双击手表左侧紫色连接处图层，然后在弹出的对话框中选择"渐变叠加"选项，接着设置"渐变"颜色从（R:69，G:69，B:69）、（R:129，G:129，B:129）、（R:244，G:244，B:242）、（R:244，G:244，B:242）、（R:171，G:172，B:172）、（R:171，G:172，B:172）、（R:144，G:146，B:146）到（R:83，G:82，B:82），再设置"角度"为120度，最后添加描边效果。

02 双击手表右侧绿色连接处图层，然后在弹出的对话框中选择"渐变叠加"选项，接着设置"渐变"颜色从（R:69，G:69，B:69）、（R:129，G:129，B:129）、（R:244，G:244，B:242）、（R:244，G:244，B:242）、（R:171，G:172，B:172）、（R:171，G:172，B:172）、（R:144，G:146，B:146）到（R:83，G:82，B:82），再设置"角度"为60度，最后添加描边效果。

03 双击手表左侧下部连接处图层，然后在弹出的对话框中选择"渐变叠加"选项，接着设置"渐变"颜色从（R:46，G:46，B:45）、（R:99，G:100，B:100）、（R:244，G:244，B:242）、（R:244，G:244，B:242）、（R:85，G:85，B:85）到（R:85，G:85，B:85），再设置"角度"为60度，最后添加描边效果。

04 双击手表右侧下部连接处图层，然后在弹出的对话框中选择"渐变叠加"选项，接着设置"渐变"颜色从（R:46, G:46, B:45）、（R:99, G:100, B:100）、（R:244, G:244, B:242）、（R:244, G:244, B:242）、（R:85, G:85, B:85）到（R:85, G:85, B:85），再设置"角度"为120度，最后添加描边效果。

05 设置"前景色"为（R:123, G:125, B:122），然后新建空白图层，接着使用"矩形选框工具"绘制图形，再按快捷键 Alt+Delete 填充前景色。

06 选择灰色图层，然后执行"滤镜 > 杂色 > 添加杂色"菜单命令，接着设置"数量"为95.11%，分布"为"高斯分布"，并勾选"单色"选项，最后单击"确定"按钮。

07 选择杂色图层，然后执行"滤镜 > 模糊 > 高斯模糊"菜单命令，接着设置"角度"为-90度，"距离"为687像素，最后单击"确定"按钮。

08 将绘制好的材质图层移动到表链组上，然后按快捷键Ctrl+Alt+G设置剪贴蒙版效果，接着设置"图层样式"为正片叠底。

09 将材质复制多份，然后分别移动到各手表链组上，使用同样的方法为手表链添加材质效果。至此，手表链就绘制完成了。

14.3.4 绘制手表表冠

01 绘制表冠。选择手表表冠底层，然后设置"填充"颜色为（R:10，G:9，B:12），将其复制一份，设置"填充"颜色为（R:86，G:86，B:86），接着使用"矩形工具"绘制矩形，再将矩形与新复制出来的图层进行减法布尔运算，在选项栏设置"操作路径"为"减去顶层形状"，最后绘制图形。

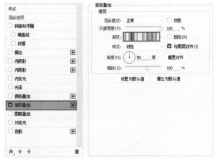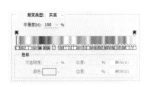

02 选择锯齿图层，然后双击图层，为其添加"渐变叠加"效果，因为是锯齿形状，光泽效果尤其复杂，所以设置渐变颜色时需要慢慢调试，保证材质的真实感。

03 在"图层样式"中选择"描边"选项，设置"大小"为1像素，"位置"为"内部"，"不透明度"为86%，再设置"颜色"为白色。

04 选择"外发光"选项，设置"不透明度"为 70%，"大小"为 1 像素，再设置"颜色"为黑色。

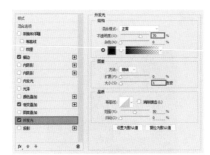 

05 选择"投影"选项，设置"不透明度"为 67%，"距离"为 1 像素，"大小"为 1 像素，完成后单击"确定"按钮。至此，表冠绘制完成。

14.3.5　绘制手表外壳

TIPS

此处应绘制一个圆形，但为了方便讲解后面的结构，我们通过布尔运算，将圆形修改为圆环。

01 绘制手表外壳。选择外壳底图层，设置"填充"颜色为（R:89，G:89，B:89）。

02 使用"钢笔工具"绘制图示图形，然后将其复制一份，按快捷键 Ctrl+T 进入自由变换模式，接着使用"移动工具"将中心点移动到表盘中心，再旋转图形。

03 复制一份图形，然后使用同样的方法选择图形，接着将下方的图形进行水平翻转。

04 选择上方红色图形图层，然后双击图层，在弹出的对话框中选择"渐变叠加"选项，设置"渐变"颜色为透明到实色，颜色从（R:99，G:100，B:100）、（R:104，G:104，B:104）到（R:36，G:36，B:36），再设置"角度"为 40 度，最后设置图层的"填充"为 0。

05 将图层样式分别粘贴至其他的表盘反光处，再依次为其添加剪贴蒙版效果。

06 选中外壳底层，然后双击图层，在弹出的对话框中选择"描边"选项，接着设置"大小"为2像素，"位置"为"外部"，再设置"填充类型"为"渐变"，设置"颜色"从黑色、（R:36，G:36，B:36）到（R:98，G:98，B:98）。

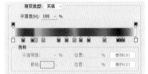

07 给外壳底添加"描边"选项，然后设置"大小"为2像素，"位置"为"内部"，接着设置"填充类型"为"渐变"，"样式"为"角度"，再调节渐变颜色，完成后单击"确定"按钮。

08 使用"椭圆形工具"绘制圆形，然后设置"填充"颜色为白色，接着在"属性"面板设置"羽化"为36像素，最后复制缩放多份圆形。

09 强化反光。使用"椭圆形工具"绘制圆形，然后设置"填充"颜色为白色，接着在"属性"面板设置"羽化"为26像素，再设置图层的"不透明度"为20%，最后依次为图形添加剪贴蒙版效果。

10 使用"椭圆形工具"绘制圆形，设置"填充"颜色为（R:195，G:195，B:199）。

11 双击圆形图层，然后在弹出的对话框中选择"渐变叠加"选项，接着设置"渐变"颜色从（R:164，G:165，B:165）、（R:146，G:146，B:146）、（R:131，G:131，B:131）、（R:127，G:127，B:127）、（R:95，G:96，B:96）、（R:127，G:127，B:127）、（R:122，G:123，B:122）、（R:127，G:128，B:128）到（R:164，G:165，B:165），再设置"样式"为"角度"。

 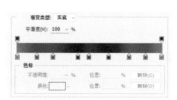 

12 选择"描边"选项，然后设置"大小"为3素像，"位置"为"内部"，"填充类型"为"渐变"，接着设置"渐变"颜色从（R:150，G:152，B:152）、（R:110，G:110，B:110）、（R:107，G:107，B:107）、（R:37，G:38，B:38）、（R:75，G:75，B:75）、（R:37，G:38，B:38）、（R:117，G:117，B:117）、（R:111，G:111，B:111）到（R:150，G:152，B:152），再设置"样式"为"角度"。

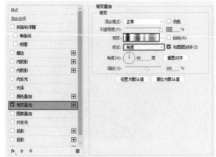

13 选择外壳高光图层，在弹出的对话框中选择"渐变叠加"选项，慢慢调整外壳的渐变颜色，再设置"样式"为"角度"。

14.3.6 绘制表盘外圈

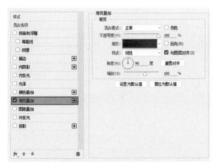

01 使用"椭圆形工具"绘制圆形，然后双击图层，在弹出的对话框中选择"渐变叠加"选项，接着设置"渐变"颜色从（R:35，G:35，B:35）到（R:82，G:82，B:82）。

02 选择"内阴影"选项，然后设置"不透明度"为57%，"距离"为10像素，"大小"为4像素，接着设置"颜色"为（R:33，G:33，B:33）。

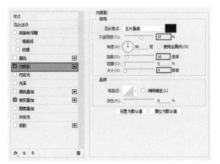

03 选择"描边"选项，然后设置"大小"为2像素，"位置"为"外部"，"填充类型"为"渐变"，接着设置"渐变"颜色从（R:134，G:134，B:134）、（R:81，G:79，B:83）、（R:142，G:139，B:139）、（R:81，G:79，B:83）到（R:134，G:134，B:134），再设置"样式"为"角度"。

┌─ TIPS ─
│ 这里需要为表盘设置"将内部效果混合成组"打开，将"将剪贴图层混合成组"去掉。
│
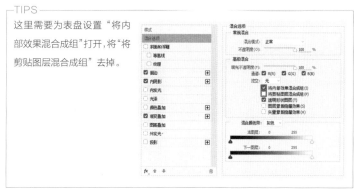

14.3.7　绘制手表表盘

01 选择刻度图层，然后双击图层，在弹出的"图层样式"中选择"颜色叠加"选项，接着设置"颜色"为（R:178，G:178，B:178）。

02 选择"斜面和浮雕"选项，设置"方法"为"雕刻清晰"，"深度"为"1000"%，"大小"为0像素，"角度"为90度，"高度"为30度，接着设置"高光模式"为"正常"，"不透明度"为100%，再设置"阴影模式"为"正常"，"不透明度"为100%。

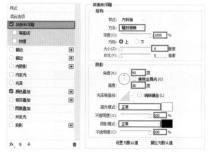

03 选择"投影"选项，设置"不透明度"为 54%，"距离"为 1 像素，"大小"为 1 像素，完成后单击"确定"按钮。

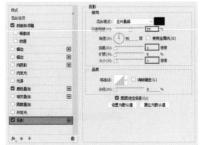 

04 复制多份刻度，再调整至合适的角度。

05 使用同样的方法绘制秒针刻度，设置"填充"颜色为（R:178，G: 178，B: 178），再设置图层的"不透明度"为 50%。

 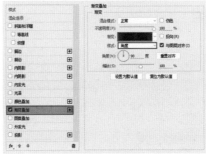 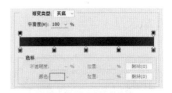

06 绘制圆环，然后双击图层，在弹出的对话框中选择"渐变叠加"选项，接着设置"渐变"颜色从（R:81，G:81，B:81）、（R:33，G:33，B:33）、（R:62，G:62，B:62）、（R:33，G:33，B:33）到（R:81，G:81，B:81）。

07 选择"描边"选项，设置"大小"为 2 像素，"位置"为"内部"，"填充类型"为"渐变"，再设置"渐变"颜色从（R:77，G:76，B:76）到（R:36，G:36，B:36）。

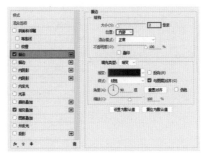 

08 添加"描边"选项，设置"大小"为2像素，"位置"为"外部"，"填充类型"为渐变，再设置"渐变"颜色从（R:37，G:37，B:37）到（R:93，G:93，B:93）。

09 选择"内阴影"选项，设置"不透明度"为44%，"距离"为2像素，"大小"为4像素。

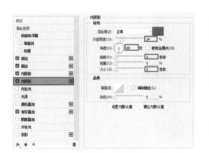

10 添加"内阴影"选项，然后设置"不透明度"为24像素，"角度"为−90度，"距离"为2像素，"大小"为2像素，再设置"颜色"为（R:140，G:140，B:140），接着勾选"混合模式"的"将内部效果混合成组"选项，并取消勾选"将剪贴图层混合成组"选项，最后单击"确定"按钮。

11 新建图层，然后使用"矩形选框工具"在表盘上拖曳选区，再设置"前景色"为（R:74，G:74，B:74），按快捷键 Alt+Delete 进行填充。

12 选择灰色图层，然后执行"滤镜＞杂色＞添加杂色"菜单命令，设置"数量"为10%，"分布"为"平均分布"，再勾选"单色"选项，接着按快捷键 Ctrl+Alt+G 剪贴到表盘上，最后设置图层的"混合模式"为"叠加"，"不透明度"为40%。

14.3.8 绘制刻度和指针

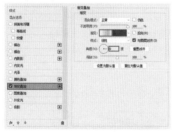

01 先绘制一个大时间刻度，然后单击鼠标右键选择"转为智能对象"选项，并将带有智能对象的刻度图形复制一圈，接着双击时间大刻度图层的智能对象符号进入大刻度文件内，添加"渐变叠加"图层样式，设置"渐变"颜色从（R:250，G:250，B:250）、（R:206，G:205，B:205）、（R:236，G:234，B:234）、（R:83，G:83，B:83）到（R:91，G:91，B:91），再设置"角度"为0度，最后按快捷键 Ctrl+S 进行保存。

---TIPS---
智能对象的一个特点是当同一个智能对象被复制多份时，改变其中一个智能对象，那么所有被复制出来的智能对象都会跟着变化。这里修改了一个大刻度，则整个表盘里面所有的大刻度都跟着变化。

02 选择大刻度图层，添加"描边"选项，设置"大小"为1像素，"位置"为"外部"，"不透明度"为30%，再设置"颜色"为黑色。

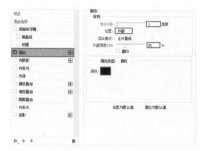

03 选择"外发光"选项，设置"不透明度"为50%，"大小"为2像素，再设置"颜色"为（R:27，G:27，B:27）。

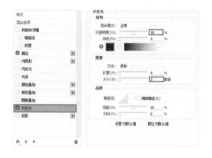

04 选择"投影"选项，然后设置"不透明度"为60%，"距离"为1像素，"大小"为1像素，完成后单击"确定"按钮，接着将刚才绘制的大刻度图层样式拷贝给其他大刻度。

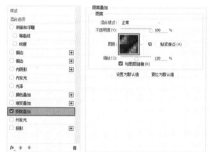

05 使用"椭圆形工具"绘制图像，然后双击图层，在弹出的对话框中选择"图案叠加"选项，设置"图案"为格子图案。

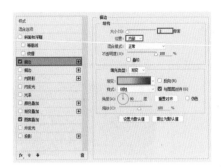

06 选择"描边"选项，设置"大小"为2像素，"位置"为"内部"，"填充类型"为"渐变"，再设置"渐变"颜色从（R:218，G:217，B:217）到（R:85，G:85，B:85）。

07 添加"描边"选项，设置"大小"为2像素，"位置"为"外部"，"填充类型"为"渐变"，再设置"渐变"颜色从（R:130，G:127，B:127）到（R:193，G:193，B:193）。

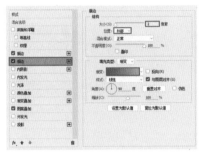

08 选择"外发光"选项，然后设置"大小"为4像素，接着设置"颜色"从（R:23，G:23，B:23）到透明，最后单击"确定"按钮。

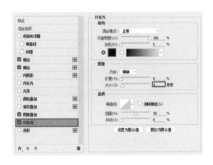

09 绘制时针图层。绘制好时针图层后，也要通过鼠标右键菜单选项转为智能对象。进入时针智能对象文件内，然后添加"渐变叠加"图层样式，设置"渐变"颜色从（R:255，G:255，B:255）、（R:218，G:218，B:218）、（R:239，G:239，B:239）、白色、（R:223，G:223，B:223）到（R:239，G:235，B:235），再设置"角度"为-180度，接着保存文件，表盘上的时针会呈现金属质感效果。

10 复制时针图层，然后选择分针图层，单击鼠标右键粘贴图层样式，接着调整"渐变叠加"的角度为0度。

11 双击分针图层，然后在弹出的对话框中选择"外发光"选项，设置"不透明度"为35%，"大小"为7像素，再设置"颜色"从（R:71，G:71，B:71）到透明。

12 给分针图层添加"投影"图层样式，设置"不透明度"为44%，"距离"为2像素，"大小"为4像素。

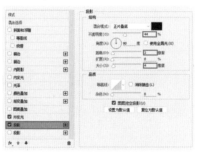 

13 添加"投影"选项，设置"不透明度"为41%，"距离"为12像素，"大小"为7像素，再单击"确定"按钮。

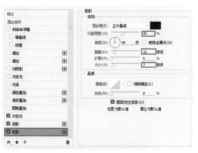 

14 复制分针的图层样式，然后粘贴至时针图层上。

15 使用"钢笔工具"绘制秒针图形,设置"填充"颜色为(R:160，G:160，B:160)。

16 双击秒针图层，然后在弹出的对话框中选择"斜面和浮雕"选项，设置"方法"为"雕刻清晰"，"深度"为636%，"大小"为1像素，"角度"为90度，"高度"为30度，接着设置"高光模式"为"正常"，"不透明度"为100%，再设置"阴影模式"为"正常"，"不透明度"为100%，最后取消勾选"使用全局光"。

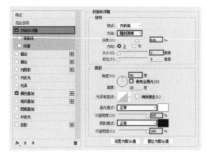

17 选择"外发光"选项，设置"大小"为4像素，再设置"颜色"从（R:88，G:86，B:86）到透明。

18 选择"投影"选项，设置"不透明度"为5%，"距离"为13像素，"大小"为6像素，再单击"确定"按钮。

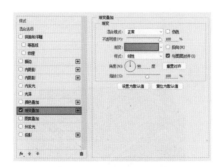

19 使用"椭圆形工具"绘制两个同心圆（一大一小），并通过布尔运算减去中间的小圆，得到圆环，再设置图层的"填充"为0%。

20 双击圆环图层，然后在弹出的对话框中选择"渐变叠加"选项，接着设置"渐变"颜色从（R:173，G:173，B:173）到（R:187，G:187，B:187）。

21 选择"斜面和浮雕"选项，设置"方法"为"雕刻清晰"，"深度"为1000%，"大小"为4像素，接着设置"高光模式"为"正常"，"不透明度"为100%，再设置"阴影模式"为"正常"，"不透明度"为100%。

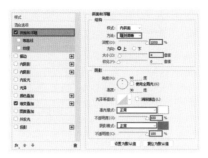 

22 选择"描边"选项，然后设置"大小"为1像素，"位置"为"外部"，"不透明度"为86%，"填充类型"为"渐变"，再设置"渐变"颜色 从黑色到（R:171，G:174，B:171）。

23 选择"投影"选项，设置"颜色"为（R:60，G:59，B:61），再设置"距离"为2像素，"扩展"为4%，"大小"为2像素，完成后单击"确定"按钮。

14.3.9 绘制表盘标记

 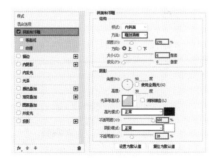 

01 使用"矩形工具"绘制图形，设置"填充"颜色为（R:120，G:120，B:120）。

02 双击图层，然后在弹出的对话框中选择"斜面和浮雕"选项，接着设置"方法"为"雕刻清晰"，"深度"为270%，"大小"为6像素，再设置"光泽等高线"为内凹－浅，"高光模式"为"正常"，"不透明度"为100%，"阴影模式"为"正常"，"不透明度"为28%。

03 选择"描边"选项，设置"大小"为1像素，"位置"为"外部"，"不透明度"为48％，再设置"颜色"为（R:154，G:154，B:154），完成后单击"确定"按钮。

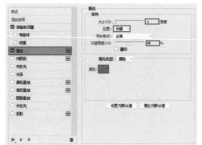

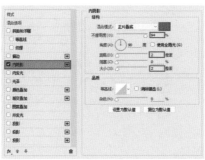

04 使用"矩形工具"绘制图形，然后设置"填充"颜色为白色，接着双击图层，在弹出的对话框中选择"内阴影"选项，再设置"颜色"为（R:148，G:148，B:149），"不透明度"为94％，"距离"为2像素，"大小"为2像素，最后单击"确定"按钮。

05 使用"文字工具"输入日历，选择合适的字体和大小。

06 使用"矩形工具"和"圆角矩形工具"绘制多个图形，然后在选项栏设置"操作路径"为"减去顶层形状"，接着使用"椭圆形工具"在两侧绘制图形，最后使用"直接选择工具"选择所有形状，在选项栏设置"操作路径"为"合并形状组件"。

07 双击Logo图层，然后在弹出的对话框中选择"渐变叠加"选项，接着设置"渐变"颜色从（R:45，G:45，B:45）到（R:59，G:59，B:59）。

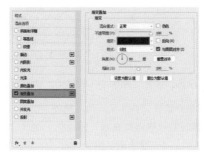

08 选择"内阴影"选项,设置"颜色"为(R:148,G:148,B:148),再设置"不透明度"为32%,"距离"为1像素,"大小"为1像素。

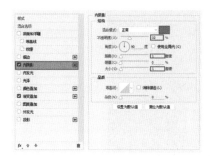 

09 选择"外发光"选项,设置"大小"为2像素,"渐变"颜色从(R:25,G:25,B:25)到透明。

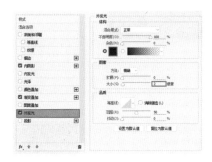 

10 选择"投影"选项,设置"颜色"为(R:10,G:9,B:12),"不透明度"为58%,"距离"为2像素,"大小"为2像素。

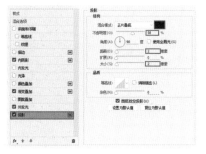 

 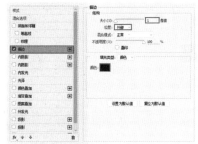 

11 使用"文字工具"输入日历,然后选择合适的字体和大小,接着双击文字图层,在弹出的对话框中选择"描边"选项,再设置"大小"为1像素,"位置"为"外部","颜色"为黑色,最后单击"确定"按钮。

12 至此，手表的大致效果已经做出来了，但光泽度不够完美，所以还要进行一些调整。

13 在图层下方单击"创建新的填充或调整图层"按钮，然后选择"亮度/对比度"选项，再设置"亮度"为-80，"对比度"为90，接着为图层添加"图层蒙版"，并使用"画笔工具"在蒙版上添加效果，提升手表上方的亮度。

14 新建图层，然后设置"前景色"为白色，再使用"画笔工具"在表盘上端绘制高光，接着设置图层的"混合模式"为"叠加"，"不透明度"为30%，最后添加剪贴蒙版效果。

15 使用"画笔工具"绘制高光，并添加剪贴蒙版效果。

16 在图层下方单击"创建新的填充或调整图层"按钮，然后选择"色相/饱和度"选项，再设置"色相"为230，"饱和度"为10，并勾选"着色"选项。至此，手表就绘制完成了。

🧠 14.4 拓展练习

拓展练习

作业点评

本拓展练习供大家练习时钟的绘制，时钟同样以金属材质为主。本练习的难点在于如何根据金属的特点在面积有限的表盘内将金属质感表达到位。

该作业作者为张怡琪。时钟上的零件结构多为细长型的，在90度上方来说的条件下，应注意投影的表达，否则指针像是黏在表盘上。

PART

15

第 15 章　高级拟物设计（直刀）

15.1 手绘草稿

手绘能力算是 UI 设计中的加分项，它能帮助我们与他人沟通时节约时间成本。当言语不能准确地表达设计思路时，不如动笔将想法勾勒出来，让对方一目了然。

15.2 直刀材质绘制注意事项

为了能够更准确地表达拟物材质，设计师应该掌握在同一光源下，不同材质所呈现的效果，要学会边思考边绘制。

错误案例分析

1. 背景太灰、投影太深

背景选用的是灰黑色，没有颜色取向，整体背景看起来偏灰、偏脏。投影过于黑了，尽量避免纯黑色或者接近黑色的颜色出现。投影过渡不好，重色面积过大，显得不是很自然。

2. 金属质感不准确

整个金属部分材质肌理过重，使整把刀看起来有些破旧、粗糙（可以选择降低透明度的方法来调整）。刀身下半部分的暗部也不够明显，金属的材质特点没有表现出来，质感表现不到位。护手表现得不准确，因为金属护手的上部和下部均有结构变化，当有光打过来时，结构发生变化的位置应该呈现明暗对比，而图中未体现该效果，因此给人感觉护手就是一个平平的铁片。

3. 刀柄的两种材质处理过于简单

刀柄木头：木纹材质显得档次不高，明暗差别太大；深色纹理的凹凸感刻画得不细致；刀柄木头部分的结构显得很平，看不出光源的影响，没有表现出高光、暗部和反光，给人感觉只是一个薄薄的木头片；刀柄的厚度要配合光源来表现，上半部离光源近，要亮起来，下半部离光源远，要暗下去。

刀柄金属：金属的质感没有表现出来，看上去像黄色的塑料；金属材质明暗对比强烈的特点表现不到位；金属的颜色略微显脏。

🖥 15.3 刀具操作实例

因为拟物化图形的复杂性，我们将图形分成几个部分来绘制。

15.3.1 制作背景

01 新建文档，设置"宽度"为1280 像素，"高度"为 800 像素，再双击背景图层进行解锁。

02 设置"前景色"为（R:61，G:49，B:59），再按快捷键 Alt+Delete 填充背景图层颜色。

 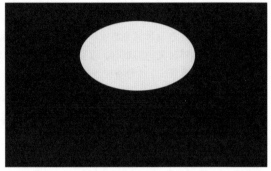

03 使用"椭圆选框工具"绘制图形，再设置"前景色"为（R:251，G:242，B:230），按快捷键 Alt+Delete 进行填充。

04 执行"滤镜＞模糊＞高斯模糊"菜单命令，然后设置"半径"为180 像素，接着单击"确定"按钮。

05 新建空白图层，然后设置"前景色"为（R:157，G:157，B:157），再按快捷键 Alt+Delete 填充颜色，接着执行"滤镜＞杂色＞添加杂色"菜单命令，设置"数量"为 7%，并选择"高斯分布"和"单色"选项。

06 选中杂色图层，然后设置图层的"混合模式"为"叠加"，"不透明度"为30%，接着将绘制好的背景图层编组并命名。

15.3.2 绘制刀具轮廓

01 使用"钢笔工具"绘制图形，然后在选项栏设置"填充"颜色为（R:242，G:242，B:247），"描边"为无。

02 选中刀具图层，然后选择"椭圆形工具"，在选项栏选择"路径操作"为"减去顶层形状"，接着在刀具轮廓上绘制多个圆形，最后使用"直接选择工具"选中所有图形，在选项栏选择"路径操作"为"合并形状组件"。

 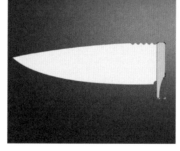

TIPS
为了让护手造型更加美观，使用"钢笔工具"配合布尔运算来完善图形。

03 使用"圆角矩形工具"绘制圆角矩形，然后使用"钢笔工具"减去右下角多余形状，接着使用"直接选择工具"调整锚点至圆滑，再设置"填充"颜色为（R:219，G:216，B:227）。

04 使用"钢笔工具"绘制刀柄轮廓，细节部分使用"直接选择工具"调整，然后对绘制的图形进行布尔运算。

15.3.3　绘制直刀投影

 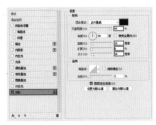 

01 选中绘制的所有图形，然后复制一份，按快捷键 Ctrl+E 进行合并，接着双击合并图层，在弹出的对话框中选择"投影"选项，设置"不透明度"为 95%，"距离"为 10 像素，"扩展"为 8%，"大小"为 18 像素，再设置"颜色"为（R:50，G:31，B:81）。

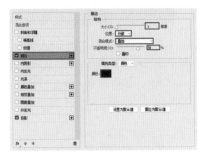  

02 选择"描边"选项，设置"大小"为 1 像素，"位置"为"外部"，"混合模式"为"叠加"，"不透明度"为 78%，再设置"颜色"为（R:64，G:51，B:62），完成后移动图层到直刀轮廓图层下方。

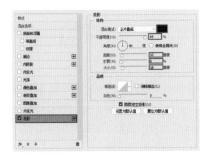 

03 复制一层阴影，然后将"描边"图层样式删除，接着双击"投影"选项，设置"不透明度"为 95%，"距离"为 10 像素，"扩展"为 8%，"大小"为 18 像素，再设置"颜色"为（R:48，G:36，B:67），最后单击"确定"按钮。

TIPS
将绘制的图层整理分组，便于后续细节的绘制。

15.3.4 细化刀身

01 选择刀身图层，然后按快捷键 Ctrl+J 复制一份，接着双击复制图层，在弹出的对话框中选择"渐变叠加"选项，设置"渐变"颜色从（R:216，G:215，B:225）到白色，再设置"角度"为 96 度，最后按快捷键 Ctrl+Alt+G 添加剪贴蒙版效果。

02 使用"钢笔工具"绘制图形，然后使用"直接选择工具"调整锚点以细化其形状，再设置"填充"颜色为（R:219，G:217，B:232）。

03 双击该图层，然后在弹出的对话框中选择"描边"选项，设置"大小"为 1 像素，"颜色"为白色。

04 选择"渐变叠加"选项，然后设置"渐变"颜色从（R:138，G:138，B:160）到（R:223，G:223，B:223），再设置"角度"为 –180 度，完成后为图层添加剪贴蒙版效果。

05 使用"钢笔工具"绘制图形，调整锚点细化轮廓并复制一份作为备用，然后设置"填充"颜色为（R:174，G:172，B:188），接着双击图层，在弹出的对话框中选择"描边"选项，设置"大小"为 3 像素，"位置"为"内部"，"不透明度"为 78%，"填充"为"渐变"，"角度"为 −180 度，再设置"渐变"颜色从（R:172，G:171，B:182）到白色。

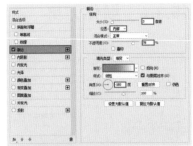

06 选择"渐变叠加"选项，然后设置"渐变"颜色从（R:210，G:209，B:220）到白色，再设置"角度"为 −90 度，接着单击"确定"按钮，最后添加剪贴蒙版效果。

07 选择复制备用的图层，然后单击鼠标右键，将图层转为"智能对象"，接着双击智能图像缩略图，在新窗口双击图层，为其添加"内阴影"效果，设置"角度"为 50 度，"距离"为 5 像素，"大小"为 65 像素，"颜色"为（R:116，G:112，B:137），再设置图层的"填充"为 0%，最后按快捷键 Ctrl+S 进行保存。

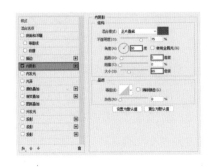

08 选中智能图层，然后单击图层下方的"添加图层蒙版"按钮，接着使用"渐变工具"在蒙版上拖曳出渐变效果，最后为其添加剪贴蒙版效果。

09 复制一份智能对象，再添加剪贴蒙版效果。

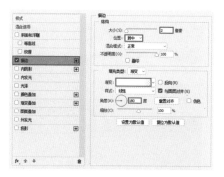  

10 将下端刀刃部分复制一份，然后双击图层，在弹出的对话框中只选择"描边"选项，接着设置"大小"为2像素，"位置"为"居中"，"填充类型"为"渐变"，"角度"为180度，再设置"渐变"颜色从透明、白色、白色到透明，最后设置图层的"填充"为0%，并添加剪贴蒙版效果。

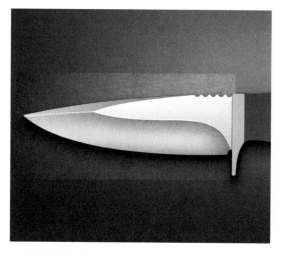 

11 导入素材，然后设置图层的"混合模式"为"叠加"，"不透明度"为35%，接着添加剪贴蒙版效果。

15.3.5　细化护手

  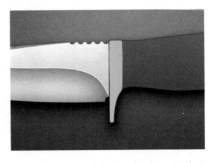

01 选择护手图层，然后双击图层，在弹出的对话框中选择"描边"选项，接着设置"大小"为2像素，"位置"为"外部"，"填充类型"为"渐变"，再设置"渐变"颜色从（R:38，G:60，B:96）、（R:175，G:166，B:166）到（R:110，G:97，B:97），最后单击"确定"按钮。

  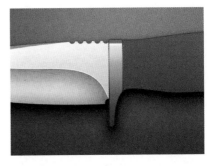

02 给护手添加渐变叠加图层样式。在弹出的对话框中选择"渐变叠加"选项，接着设置"渐变"颜色从（R:96，G:88，B:102）、（R:208，G:207，B:209）、（R:244，G:244，B:244）、（R:255，G:255，B:255）、（R:150，G:147，B:172）、（R:150，G:147，B:172）到（R:150，G:147，B:172），最后添加剪贴蒙版效果。

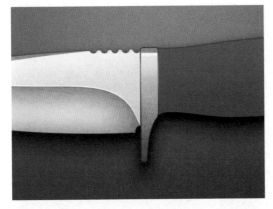 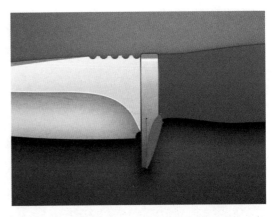

03 导入金属材质图片，然后设置图层的"混合模式"为"叠加"，"不透明度"为35%，再添加剪贴蒙版效果。

04 绘制护手结构。使用"钢笔工具"绘制图形，然后使用"直接选择工具"调整锚点细化结构，接着设置"填充"颜色为（R:142，G:142，B:142）。

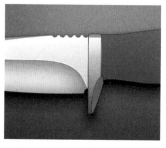

05 双击图层，然后在弹出的对话框中选择"描边"选项，接着设置"大小"为2像素，图层"混合模式"为"正片叠底"，"不透明度"为55%，"填充类型"为"渐变"，"角度"为0度，再设置"渐变"颜色从（R:134，G:133，B:142）到（R:122，G:122，B:122）。

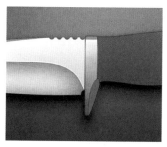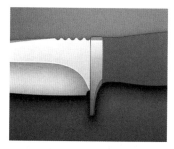

06 选择"外发光"选项，然后设置"不透明度"为93%，"大小"为3像素，再设置"渐变"颜色从白色到透明，接着单击"确定"按钮。

07 选择图层，设置图层的"填充"为94%，再添加剪贴蒙版效果。

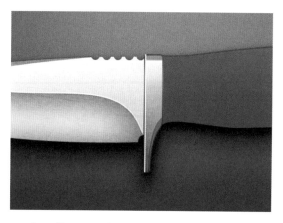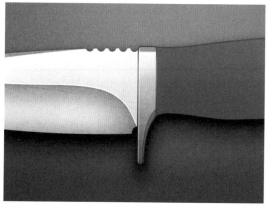

08 使用"矩形工具"绘制线段，然后设置"填充"颜色为白色，接着设置图层的"混合模式"为"柔光"，最后添加剪贴蒙版效果。

15.3.6 细化刀柄

  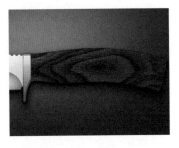

01 选择刀柄图层，然后复制一份，接着双击图层，在弹出的对话框中选择"渐变叠加"选项，再设置"渐变"颜色从（R:163，G:96，B:56）到（R:183，G:133，B:98），最后添加剪贴蒙版效果。

02 导入木纹材质图片，然后复制一份作为备用，接着设置素材图层的"不透明度"为80%，再添加剪贴蒙版效果。

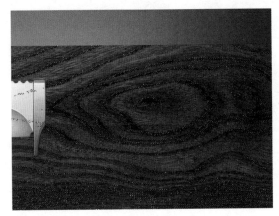 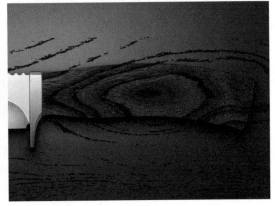

03 使用"魔棒工具"选择备份材质素材中深色的纹理部分，然后按快捷键 Ctrl+Shift+I 反选选区，接着按 Delete 键将其他部分的材质删除。

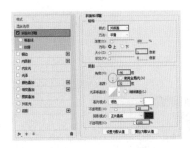  

04 选中纹理图层，然后双击图层，在弹出的对话框中选择"斜面和浮雕"选项，接着设置"样式"为"外斜面"，"大小"为1像素，"角度"为 -90 度，"高度"为 32，再设置"高光模式"的"不透明度"为25%，"阴影模式"的"不透明度"为100%，"阴影模式"的"颜色"为（R:101，G:39，B:7），最后设置图层的"不透明度"为100%，并添加剪贴蒙版效果。

05 绘制刀柄光感。使用"钢笔工具"绘制图形，然后设置"填充"颜色为白色，将图层转换为"智能对象"，接着执行"滤镜 > 模糊 > 高斯模糊"菜单命令，再设置"半径"为 4 像素，最后设置图层的"混合模式"为"叠加"，"不透明度"为 30%，并添加剪贴蒙版效果。

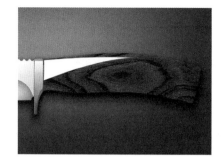
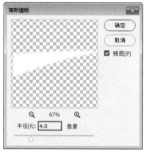

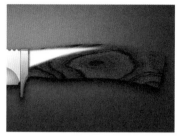

06 复制一份图层，设置图层的"混合模式"为"柔光"，再添加剪贴蒙版效果。

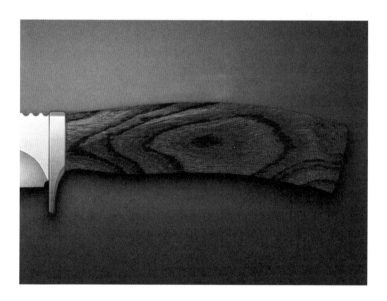

07 复制刀柄图层，然后将图层移动到最上层，接着双击图层，在弹出的对话框中设置"混合模式"为"柔光"，再设置"渐变"颜色从（R:108，G:49，B:15）到（R:231，G:192，B:164），最后设置图层的"填充"为 0%，并添加剪贴蒙版效果。

08 绘制刀柄上部结构。使用"钢笔工具"绘制图形，然后设置"填充"颜色为（R:133，G:59，B:48），将图层转换为"智能对象"，接着执行"滤镜 > 模糊 > 高斯模糊"菜单命令，再设置"半径"为 3 像素，最后设置图层的"混合模式"为"正片叠底"，"不透明度"为 40%，并添加剪贴蒙版效果。

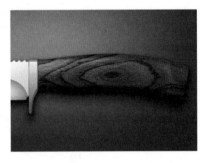

09 使用"钢笔工具"绘制图形，然后设置"填充"颜色为（R:92，G:59，B:59），将图层转换为"智能对象"，接着执行"滤镜 > 模糊 > 高斯模糊"菜单命令，再设置"半径"为 4.8 像素，最后设置图层的"混合模式"为"正片叠底"，"不透明度"为 80%，并添加剪贴蒙版效果。

10 水平向下复制一份，然后修改"高斯模糊"半径为 2.9 像素，再设置图层的"混合模式"为"正常"，"不透明度"为 8%，接着双击图层，在弹出的对话框中选择"颜色叠加"选项，设置"颜色"为（R:220，G:192，B:139），最后添加剪贴蒙版效果。

11 使用"钢笔工具"绘制图形，然后设置"填充"颜色为白色，将图层转换为"智能对象"，接着执行"滤镜 > 模糊 > 高斯模糊"菜单命令，再设置"半径"为 4.0 像素，最后设置图层的"混合模式"为"柔光"，并添加剪贴蒙版效果。

12 强化刀柄光源。复制一份图层，然后删除高斯模糊效果，接着双击图层，在弹出的对话框中选择"渐变叠加"选项，再设置"渐变"颜色从（R:255，G:252，B:205）到透明，最后设置图层的"不透明度"为 50%，"填充"为 0%，"角度"为 0 度，并添加剪贴蒙版效果。

15.3.7　绘制刀柄金属

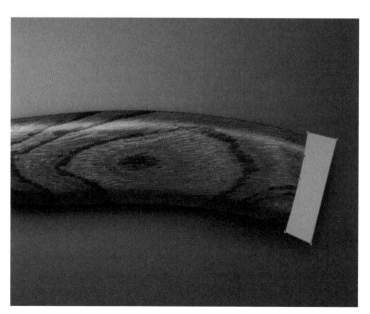

01 绘制刀柄右侧金属材质造型。使用"钢笔工具"绘制图形，设置"填充"颜色为（R:210，G:174，B:114），再添加剪贴蒙版效果。

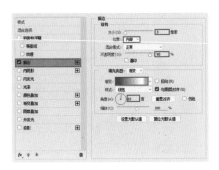  

02 双击图层，然后在弹出的对话框中选择"描边"选项，设置"大小"为3像素，"位置"为"内部"，"不透明度"为90%，"填充类型"为"渐变"，"角度"为83度，再设置"渐变"颜色从（R:173，G:125，B:49）、（R:209，G:172，B:112）、白色到（R:224，G:211，B:163）。

03 选择"渐变叠加"选项，然后设置"混合模式"为"叠加"，"角度"为78度，再设置"渐变"颜色从（R:38，G:38，B:38）、（R:46，G:46，B:46）、（R:38，G:38，B:38）、（R:72，G:72，B:72）、（R:93，G:93，B:93）、（R:168，G:168，B:168）、（R:198，G:198，B:198）、（R:203，G:202，B:202）、（R:156，G:156，B:156）到（R:169，G:169，B:169）。

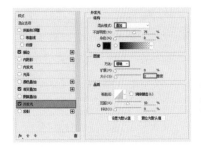  

04 选择"外发光"选项，然后设置"混合模式"为"叠加"，"方法"为"精确"，"大小"为2像素，再设置"渐变"颜色为（R:29，G:4，B:0）到透明，接着单击"确定"按钮。

05 使用"钢笔工具"绘制图形，再设置"填充"颜色为（R:210，G:174，B:114）。

06 双击图层，然后在弹出的对话框中选择"描边"选项，接着设置"大小"为2像素，"混合模式"为"叠加"，再设置"颜色"为（R:94，G:23，B:7）。

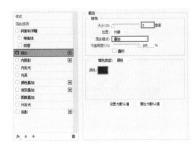

07 选择"内阴影"选项，设置"颜色"为（R:116，G:21，B:3），再设置"角度"为120度，"距离"为1像素，"大小"为1像素。

08 选择"渐变叠加"选项，然后设置"混合模式"为"叠加"，"角度"为78度，再设置"渐变"颜色从（R:78，G:78，B:78）、（R:0，G:0，B:0）、（R:61，G:61，B:61）、（R:78，G:78，B:78）、（R:183，G:183，B:183）、（R:211，G:209，B:209）、（R:211，G:209，B:209）、（R:85，G:85，B:85）到（R:121，G:121，B:121），接着单击"确定"按钮，最后添加剪贴蒙版效果。

09 使用"钢笔工具"绘制图形，然后设置"填充"颜色为（R:210，G:174，B:114），接着双击图层，在弹出的对话框中选择"描边"选项，再设置"大小"为2像素，"位置"为"外部"，"混合模式"为"叠加"，最后设置"颜色"为（R:56，G:14，B:5）。

 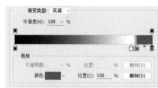 

10 选择"渐变叠加"选项，然后设置"混合模式"为"叠加"，再设置"渐变"颜色从（R:0，G:0，B:0）、（R:255，G:255，B:255）、（R:194，G:194，B:194）、（R:121，G:121，B:121）到（R:121，G:121，B:121），接着按"确定"按钮，最后添加剪贴蒙版效果。

 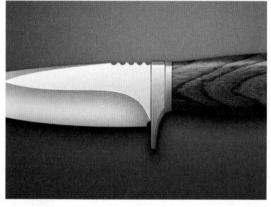

11 使用"钢笔工具"绘制图形，然后设置"填充"颜色为白色，接着设置图层的"混合模式"为"柔光"，最后添加剪贴蒙版效果。

 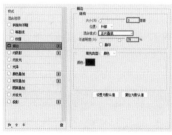 

12 使用"钢笔工具"绘制图形，然后设置"填充"颜色为（R:32，G:32，B:32），接着双击图层，在弹出的对话框中选择"描边"选项，再设置"大小"为3像素，"混合模式"为"正片叠底"，"不透明度"为78%，设置"颜色"为（R:98，G:27，B:7），最后设置图层的"混合模式"为"叠加"，"不透明度"为35%，并添加剪贴蒙版效果。

13 使用"钢笔工具"绘制图形，然后设置"填充"颜色为白色，接着设置图层的"混合模式"为"叠加"，"不透明度"为 25%，最后添加剪贴蒙版效果。

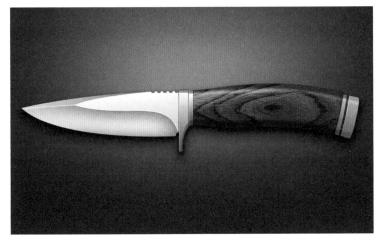

14 整理图层，至此，直刀绘制完成。

📖 15.4 拓展练习

拓展练习

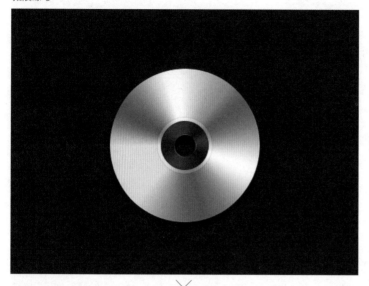

∨
学员：楼可嘉

作业点评

光盘具有和金属相近的材质特点，即反光强烈。光盘虽然造型简单，但是想表达好却不容易，要把握好其材质特点。

如图，张怡琪同学将光盘反射光源的效果表达得比较到位，而且颜色不脏，颇具真实感。

PART

16

第 16 章　高级拟物设计（自动铅笔）

16.1 自动铅笔材质分析

设计拟物图标之前，要确定所需材质，包括金属材质、木头材质和塑料材质等，接着对材质进行分析。

分析材质可从 3 个方面入手：①确定颜色；②了解质感；③光源反射。

下面综合本案例——金属材质自动铅笔进行分析。

①确定颜色，金属本身的颜色应属于灰白系列。②了解质感，金属材质具有"大明大暗"的特点，亮部与暗部区分很明显。③光源反射，金属反射环境光的能力非常强。

16.2 自动铅笔材质绘制注意事项

1. 整体颜色把握不到位

自动铅笔整体的重色面积过大，显得不是很自然，偏灰、偏脏；而且同类材质在统一光源下颜色表现不一致。

2. 反光处理不够

作品任何地方都没有做反光处理，所以显得暗部过大，没有凸显材质的特性。比如自动铅笔握手的地方，应该具有很强烈的金属质感，而且在白色背景下，白色反光应该非常强烈。如果不做反光，整个自动铅笔的暗部会显得非常灰暗，所以应注意对反光部位的处理。

3. 细节处理不当

a. 文字：笔杆上的每个字符都过大，看起来不精致，而且没有做细节处理，如果做出雕刻效果会显得更漂亮。

b. 笔夹：笔夹的某些部位没有体现出厚度，看起来像是一个薄片裹在了笔杆上。

c. 材质：握手上面的材质纹理过大，而且这些附在圆柱体上的小面积材质也应该有光源上的变化。

d. 投影：投影太黑、太脏，颜色调整为偏紫灰色会好一些。投影没有变化，应该越来越透明（离物体近的地方实，离物体远的地方虚）。

错误案例分析

16.3 自动铅笔操作实例

16.3.1 绘制自动铅笔基本外形

01 打开 Photoshop 软件，新建"绘制自动铅笔"文档，设置"宽度"为 1712 像素，"高度"为 768 像素，"分辨率"为 72，再单击"确定"按钮。

02 这是自动铅笔外形的最终效果图，制作过程很简单，目的是让大家了解每个图层的名称和作用，为后续制作阴影做准备。

03 使用"矩形工具"绘制一个矩形，大小为 386 像素 ×94 像素，颜色随意，然后更改图层名称为"笔杆－握手－底"。

04 使用"矩形工具"绘制一个矩形,大小为16像素×92像素,颜色随意,然后更改图层名称为"笔杆-连接处"。

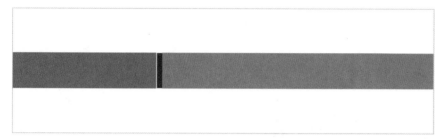

05 使用"矩形工具"绘制一个矩形,大小为72像素×94像素,颜色随意,然后更改图层名称为"笔杆-底"。

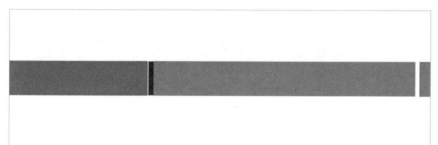

06 使用"矩形工具"绘制一个矩形,大小为28像素×94像素,颜色随意,然后更改图层名称为"笔杆-2-底"。

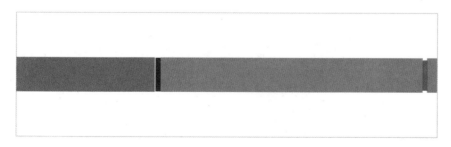

07 使用"矩形工具"绘制一个矩形,大小为12像素×82像素,颜色随意,然后更改图层名称为"笔杆-3-底"。

08 使用"钢笔工具"或者通过布尔运算方式绘制笔夹部分,颜色随意,然后更改图层名称为"笔夹‐上‐底"。

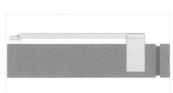

09 使用"圆角矩形工具"绘制一个圆角矩形,大小为 58 像素 ×4 像素,半径为 4 像素,颜色随意,然后更改图层名称为"笔夹‐下‐底"。

10 使用"矩形工具"绘制一个矩形,大小为 32 像素 ×16 像素,左下角的半径为 4 像素,颜色随意,然后更改图层名称为"笔夹‐后‐底"。

11 整理图层。创建一个"笔杆"图层组,然后将"背景"外的所有图层拖曳到图层组内。

12 使用"矩形工具"在图形前端绘制一个矩形,大小为 18 像素 ×92 像素,颜色随意,然后使用"直接选择工具"调整矩形左侧的锚点,再更改图层名称为"护芯 ‐1"。

13 使用"矩形工具"在图形前端绘制一个矩形，大小为 146 像素 ×92 像素，颜色随意，然后使用"直接选择工具"调整矩形左侧的锚点，再更改图层名称为"护芯 -2"。

TIPS
因为"护芯 -1"和"护芯 -2"在后期需要添加渐变，所以现在为了做影子雏形，先简单绘制。

14 使用"矩形工具"在图形前端绘制一个矩形，大小为 36 像素 ×8 像素，颜色随意，然后更改图层名称为"护芯 -3"。

15 整理图层。创建一个"护芯"图层组，然后将 3 个护芯图层拖曳到图层组内。

16 使用"矩形工具"在图形后端绘制一个矩形，大小为 80 像素 ×94 像素，颜色随意，然后更改图层名称为"按杆 -1- 底"。

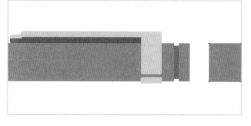

17 使用"矩形工具"绘制一个矩形，大小为 18 像素 ×86 像素，颜色随意，然后更改图层名称为"按杆 -2- 底"。

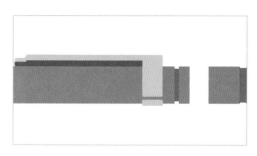 

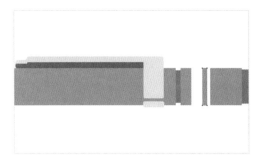

18 使用"矩形工具"绘制一个矩形,大小为12像素×94像素,颜色随意,然后更改图层名称为"按杆-3-底"。

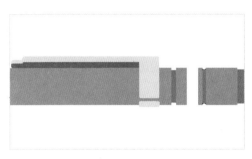

19 使用"矩形工具"绘制一个矩形,大小为8像素×86像素,颜色随意,然后更改图层名称为"按杆-4-底"。

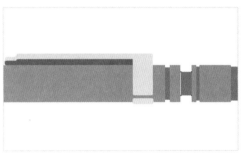

20 使用"矩形工具"绘制一个矩形,大小为28像素×60像素,颜色随意,然后更改图层名称为"按杆-5-底"。

21 创建一个"按杆"图层组,然后将5个按杆图层拖曳到图层组内。

16.3.2 绘制影子

01 选中"按杆""护芯"和"笔杆"图层组,按快捷键 Ctrl+Alt+E 将其盖印为"影子-1"图层,然后拖曳到"背景"图层上面。

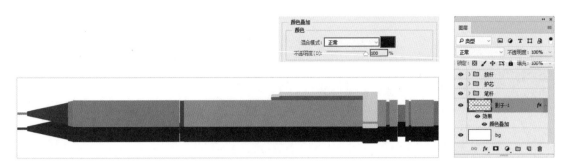

02 将影子下移，然后打开"图层样式"对话框，单击"颜色叠加"选项，设置"混合模式"为"正常"，"颜色"为（R:66，G:58，B:69），"不透明度"为100%。

03 选中"影子-1"图层，按快捷键 Ctrl+T 进入自由变换模式，然后在选项栏设置"垂直缩放比例"为40%。

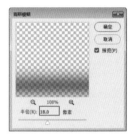 

04 "影子-1"图层转换为"智能对象"，然后执行"滤镜>模糊>高斯模糊"菜单命令，打开"高斯模糊"对话框，设置"半径"为18像素。

05 将"影子-1"复制一份，命名为"影子-2"，然后更改"高斯模糊"的"半径"为7.8像素，再设置该图层的"不透明度"为34%。

06 将"影子-2"复制一份，命名为"影子-3"，然后更改"高斯模糊"的"半径"为1.2像素。

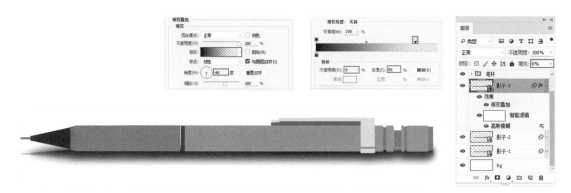

07 打开"图层样式"对话框，单击"渐变叠加"选项，然后单击"点按可编辑渐变"按钮打开"渐变编辑器"，设置节点位置为 0% 的颜色为（R:46，G:30，B:46），节点位置为 82% 的"不透明度"为 0%，接着设置"角度"为 −90 度，单击"确定"按钮，再设置该图层的"填充"为 0%。

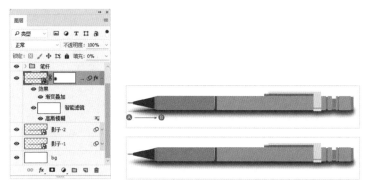

08 为图层"影子 −3"添加一个图层蒙版并选中，然后选择"渐变工具"，在选项栏设置"渐变"颜色为由黑色到白色，并单击"径向渐变"按钮，接着在画布中由 A 向 B 水平拖曳渐变。

09 整理图层。创建一个"投影"图层组，然后将 3 个影子图层拖曳到图层组内。

16.3.3　绘制护芯

01 删除图层"护芯 −1"，然后使用"矩形工具"在原位置绘制一个矩形，大小为 18 像素 ×92 像素，颜色随意，然后更改图层名称为"护芯 −1"。

 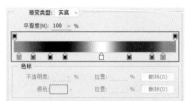

02 打开"图层样式"对话框，单击"描边"选项，设置"大小"为1像素，"位置"为"内部"，"填充类型"为"渐变"，然后单击"点按可编辑渐变"按钮打开"渐变编辑器"，设置节点位置为3%的颜色为（R:166，G:169，B:171），节点位置为12%的颜色为（R:101，G:98，B:104），节点位置为23%和32%的颜色为（R:5，G:6，B:19），节点位置为54%的颜色为白色，节点位置为72%的颜色为（R:58，G:55，B:62），节点位置为85%的颜色为（R:77，G:73，B:80），节点位置为92%的颜色为（R:170，G:164，B:175）。

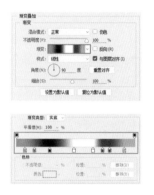  

03 单击"渐变叠加"选项，然后单击"点按可编辑渐变"按钮打开"渐变编辑器"，设置节点位置为7%的颜色为（R:166，G:169，B:171），节点位置为15%的颜色为（R:123，G:120，B:124），节点位置为48%的颜色为白色，节点位置为72%的颜色为（R:80，G:77，B:88），节点位置为18%的颜色为（R:80，G:77，B:88），节点位置为91%的颜色为（R:168，G:191，B:193）。

04 将图层"护芯-1"转换为智能对象，然后执行"编辑 > 变换 > 透视"菜单命令，调整对象的透视，完成后按 Enter 键确定。

05 删除图层"护芯-2"，然后使用"矩形工具"在原位置绘制一个矩形，大小为146像素×92像素，颜色随意，然后更改图层名称为"护芯-2"。

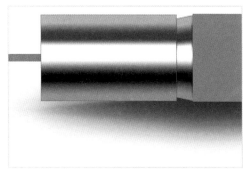

06 将"护芯 –1"的"渐变叠加"图层样式复制粘贴到"护芯 –2"上。

07 将图层"护芯 –2"转换为智能对象，然后执行"编辑 > 变换 > 透视"菜单命令，调整对象的透视，完成后按 Enter 键确定。

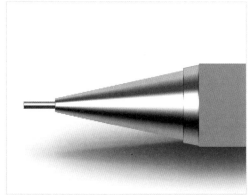

08 双击图层"护芯 –3"，打开"图层样式"对话框，单击"渐变叠加"选项，然后单击"点按可编辑渐变"按钮打开"渐变编辑器"，设置节点位置为 7% 的颜色为（R:166，G:169，B:171），节点位置为 28% 的颜色为（R:5，G:6，B:19），节点位置为 63% 和 74% 的颜色为白色，节点位置为 80% 的颜色为（R:80，G:77，B:88），节点位置为 100% 的颜色为（R:188，G:191，B:193）。

16.3.4　制作笔杆

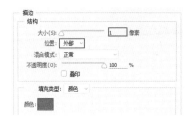

01 为"笔杆 – 握手 – 底"添加图层样式。双击"笔杆 – 握手 – 底"图层，打开"图层样式"对话框，单击"描边"选项，设置"大小"为 1 像素，"颜色"为（R:146，G:135，B:135）。

02 单击"内发光"选项，设置"混合模式"为"滤色"，"不透明度"为 69%，"颜色"为（R:242，G:239，B:210），"大小"为 1 像素。

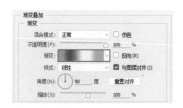 

03 单击"渐变叠加"选项，然后单击"点按可编辑渐变"按钮打开"渐变编辑器"，设置节点位置为 9% 的颜色为（R:186，G:182，B:175），节点位置为 27% 的颜色为（R:122，G:113，B:123），节点位置为 54% 和 68% 的颜色为（R:246，G:246，B:242），节点位置为 84% 的颜色为（R:195，G:191，B:196）。

04 单击"混合"选项，勾选"将内部效果混合成组"选项，然后取消勾选"将剪贴图层混合成组"选项。

05 为笔杆的握手添加材质。使用"矩形工具"在笔杆握手前端的中部绘制一个黑色矩形，大小为 5 像素 ×5 像素，然后将矩形旋转 45 度。

06 将步骤 05 绘制的矩形在同一个图层内水平复制多份。

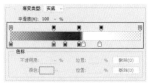

07 双击图层"矩形 1"，打开"图层样式"对话框，单击"渐变叠加"选项，然后单击"点按可编辑渐变"按钮打开"渐变编辑器"，设置节点位置为 0% 的颜色为（R:121，G:109，B:116），节点位置为 33% 的颜色为（R:121，G:109，B:116），节点位置为 42% 和 53% 的颜色为（R:77，G:65，B:76），节点位置为 56% 和 68% 的颜色为白色，再设置节点位置为 0% 和 100% 的"不透明度"为 30%，节点位置为 33%、52% 和 69% 的"不透明度"为 100%，最后设置该图层的"填充"为 0%。

08 将图层"矩形 1"转换为智能对象，然后复制 9 份，适当地调整距离，再将复制的图层依次命名为"矩形 2"到"矩形 10"。

09 选中"矩形 2"图层，按快捷键 Ctrl+T 进入自由变换模式，然后在选项栏设置"垂直缩放比例"为 96%，然后依次为图层"矩形 3"到"矩形 10"执行相同的操作，"垂直缩放比例"依次为 94%、88%、84%、80%、76%、74%、70% 和 66%。

10 将所有的矩形图层复制一份，然后以"矩形 1"为中心逆向进行位置（图层面板中图层的位置和画布中对象的位置）调整，制作出材质的下半部分。

11 整理图层。创建一个"笔杆 - 握手 - 材质"图层组，然后将 19 个矩形图层拖曳到图层组内。

12 将图层组"笔杆 - 握手 - 材质"转换为智能对象，然后按快捷键 Ctrl+Alt+G 将其创建为下面图层的剪贴蒙版。

13 为图层"笔杆 – 握手 – 材质"添加一个图层蒙版并选中，然后选择"渐变工具"，在选项栏单击"点按可编辑渐变"按钮打开"渐变编辑器"，设置节点位置为 0% 和 100% 的颜色为（R:144，G:144，B:144），节点位置为 50% 的颜色为白色，接着在笔杆的握手上由上自下拖曳渐变。

14 整理图层。创建一个"笔杆 – 握手"图层组，然后将 2 个握手图层拖曳到图层组内。

15 为"笔杆 – 连接处"添加图层样式。双击"笔杆 – 连接处"图层，打开"图层样式"对话框，单击"描边"选项，设置"大小"为 1 像素，"颜色"为（R:146，G:135，B:135）。

16 单击"渐变叠加"选项，然后单击"点按可编辑渐变"按钮打开"渐变编辑器"，设置节点位置为 5% 的颜色为（R:77，G:55，B:77），节点位置为 25% 的颜色为（R:35，G:20，B:36），节点位置为 65% 的颜色为（R:146，G:129，B:143），节点位置为 72% 的颜色为（R:146，G:129，B:143），节点位置为 100% 的颜色为（R:78，G:66，B:78）。

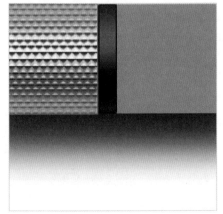

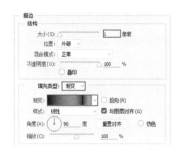
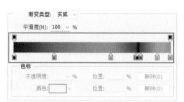

17 制作笔夹上半部分。为"笔夹-上-底"添加图层样式。双击"笔夹-上-底"图层，打开"图层样式"对话框，单击"描边"选项，设置"大小"为1像素，"填充类型"为"渐变"，然后单击"点按可编辑渐变"按钮打开"渐变编辑器"，设置节点位置为0%的颜色为（R:33，G:30，B:40），节点位置为25%的颜色为（R:130，G:124，B:143），节点位置为32%的颜色为（R:178，G:158，B:184），节点位置为78%的颜色为（R:92，G:81，B:96），节点位置为79%的颜色为（R:34，G:8，B:43），节点位置为81%的颜色为（R:99，G:95，B:100），节点位置为92%和100%的颜色为（R:184，G:177，B:177）。

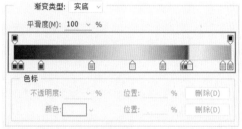

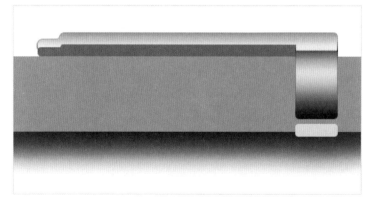

18 单击"渐变叠加"选项，然后单击"点按可编辑渐变"按钮打开"渐变编辑器"，设置节点位置为0%的颜色为（R:46，G:36，B:46），节点位置为3%的颜色为（R:46，G:42，B:55），节点位置为12%的颜色为（R:84，G:75，B:85），节点位置为35%和68%的颜色为（R:194，G:184，B:192），节点位置为54%的颜色为（R:228，G:224，B:227），节点位置为78%的颜色为（R:136，G:124，B:134），节点位置为79%的颜色为（R:104，G:89，B:101），节点位置为81%的颜色为（R:225，G:234，B:235），节点位置为95%的颜色为（R:196，G:191，B:196），节点位置为100%的颜色为（R:178，G:172，B:178）。

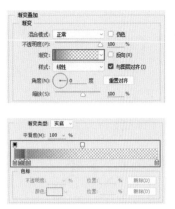 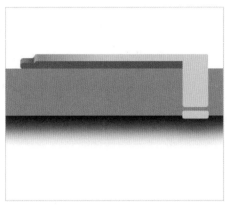 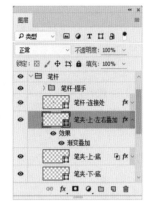

19 将图层"笔夹－上－底"复制一份，命名为"笔夹－上－左右叠加"，然后删除"描边"样式，接着在"图层样式"对话框中设为"渐变叠加"样式，单击"点按可编辑渐变"按钮打开"渐变编辑器"，设置节点位置为 0% 的颜色为（R:176，G:173，B:173），节点位置为 4% 的颜色为（R:159，G:150，B:157），节点位置为 7% 的颜色为（R:128，G:117，B:126），节点位置为 8% 的颜色为（R:192，G:192，B:192），节点位置为 10% 的颜色为（R:173，G:170，B:170），节点位置为 100% 的颜色为（R:194，G:184，B:192），节点位置为 47% 的"不透明度"为 0%。

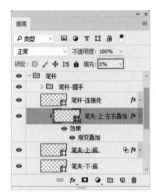 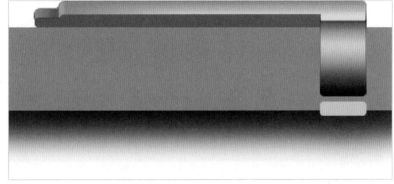

20 设置"笔夹－上－左右叠加"图层的"填充"为 0%，然后将该图层设置为下一个图层的剪贴蒙版。

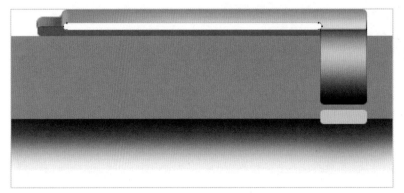 

21 使用"圆角矩形工具"在笔夹偏下的位置绘制一个白色的圆角矩形，大小为 300 像素 ×8 像素，颜色随意，然后更改图层名称为"笔夹－高光 1"。

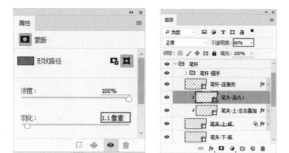

22 将图层"笔夹－高光1"创建为下面一个图层的剪贴蒙版，然后在"属性"面板中设置"半径"为1.1像素，再设置该图层的"不透明度"为60%。

23 将图层"笔夹－高光1"复制一份，命名为"笔夹－高光2"，然后修改圆角矩形的大小为131像素×6像素，再更改图层的"不透明度"为100%，最后将该图层创建为下面一个图层的剪贴蒙版。

24 将图层"笔夹－高光2"复制一份，命名为"笔夹－高光3"，然后修改圆角矩形的大小为13像素×7像素，再更改"属性"面板中的"半径"为1.5像素，最后将该图层创建为下面一个图层的剪贴蒙版。

25 使用"矩形工具"绘制一个白色矩形，大小为3像素×97像素，然后更改图层名称为"笔夹－高光4"。

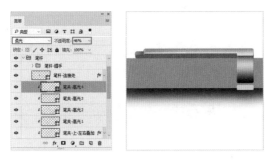

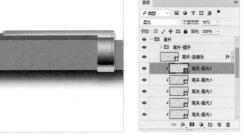

26 将图层"笔夹-高光4"创建为下面一个图层的
剪贴蒙版，然后设置"图层混合模式"为"柔光"，
"不透明度"为46%。

27 将图层"笔夹-高光4"复制一份，命名为"笔夹-
高光5"，然后调整位置。

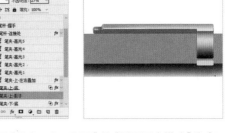

28 使用"圆角矩形工具"绘制一个圆角矩形，大小
为13像素×81像素，颜色为（R:88，G:79，B:88），
然后更改图层名称为"笔夹-上-影子"。

29 设置"笔夹-上-影子"的"图层混合模式"为"正
片叠底"，"不透明度"为27%。

30 整理图层。创建一个"笔夹-上"图层组，然后将"高光"和"笔夹-上"的相关图层拖曳到图层组内。

31 制作笔夹下半部分。为"笔夹-下-底"添加图层样式。双击"笔夹-下-底"图层，打开"图层样式"对话框，
单击"描边"选项，设置"大小"为1像素，"位置"为"内部"，"填充类型"为"渐变"，然后单击"点
按可编辑渐变"按钮打开"渐变编辑器"，设置节点位置为1%的颜色为（R:58，G:52，B:64），节点位置
为99%的颜色为（R:113，G:101，B:114）。

32 单击"渐变叠加"选项，然后单击"点按可编辑渐变"按钮打开"渐变编辑器"，设置节点位置为 1% 的颜色为（R:150，G:145，B:150），节点位置为 73% 的颜色为（R:99，G:90，B:90），节点位置为 78% 的颜色为（R:198，G:187，B:203），节点位置为 91% 颜色为（R:158，G:156，B:158），节点位置为 100% 的颜色为（R:140，G:138，B:140）。

33 单击"混合"选项，勾选"将内部效果混合成组"选项，然后取消勾选"将剪贴图层混合成组"选项。

34 使用"矩形工具"在"笔夹－下－底"上绘制一个白色矩形，大小为 4 像素 ×29 像素，然后更改图层名称为"笔夹－下－高光 1"。

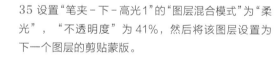

35 设置"笔夹－下－高光1"的"图层混合模式"为"柔光"，"不透明度"为 41%，然后将该图层设置为下一个图层的剪贴蒙版。

36 将图层"笔夹－下－高光1"复制一份，命名为"笔夹－下－高光 2"，然后调整位置。

37 整理图层。创建一个"笔夹－下"图层组，然后将"笔夹－下"的相关图层拖曳到图层组内。

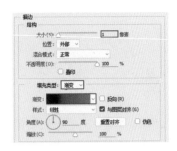
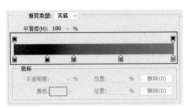

38 为"笔杆－底"添加图层样式。双击"笔杆－底"图层，打开"图层样式"对话框，单击"描边"选项，设置"大小"为1像素，"填充类型"为"渐变"，然后单击"点按可编辑渐变"按钮打开"渐变编辑器"，设置节点位置为0%的颜色为（R:71，G:68，B:65），节点位置为21%的颜色为（R:51，G:39，B:50），节点位置为38%的颜色为（R:133，G:109，B:131），节点位置为67%的颜色为（R:157，G:131，B:155），节点位置为100%的颜色为（R:173，G:153，B:153）。

39 单击"渐变叠加"选项，然后单击"点按可编辑渐变"按钮打开"渐变编辑器"，设置节点位置为0%的颜色为（R:192，G:184，B:179），节点位置为11%的颜色为（R:138，G:133，B:126），节点位置为24%的颜色为（R:76，G:62，B:75），节点位置为44%的颜色为（R:186，G:174，B:173），节点位置为61%和82%的颜色为（R:246，G:246，B:242），节点位置为70%和75%的颜色为白色，节点位置为100%的颜色为（R:208，G:210，B:202）。

40 单击"混合"选项，勾选"将内部效果混合成组"选项，然后取消勾选"将剪贴图层混合成组"选项。

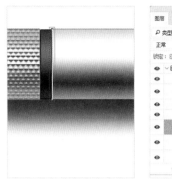

41 绘制笔杆的高光。使用"矩形工具"在"笔杆 – 底"上绘制一个白色矩形，大小为 2 像素 ×96 像素，然后更改图层名称为"笔杆 – 高光 1"。

42 将图层"笔杆 – 高光 1"创建为下面一个图层的剪贴蒙版，然后设置"图层混合模式"为"柔光"，"不透明度"为 68%。

43 将图层"笔杆 – 高光 1"复制一份，命名为"笔杆 – 高光 2"，然后调整位置。

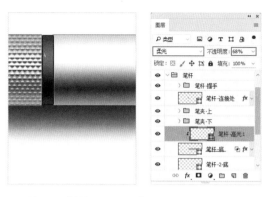

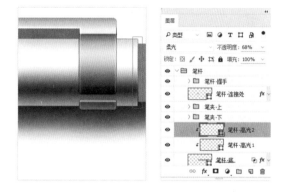

44 添加文字。使用"横排文字工具"在笔杆上输入文本 BIGD·PROPELLING PENCIL，在"字符"面板中设置"字体"为"汉仪力量黑简"，"大小"为 28 点，"颜色"为（R:73，G:32，B:46），再设置为"斜体"，最后设置图层的"填充"为80%。

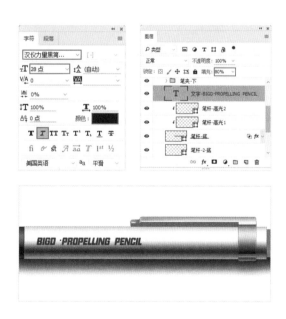

45 双击文字图层，打开"图层样式"对话框，单击"斜面和浮雕"选项，设置"样式"为"内斜面"，"方法"为"雕刻清晰"，"深度"为100%，"大小"为1像素，"角度"-90度，"高度"为30度，"高光模式"的颜色为白色画，勾"不透明度"为0%，再设置"阴影模式"的颜色为（R:51，G:29，B:34），"不透明度"为100%。

46 单击"描边"选项，设置"大小"为2像素，"位置"为"外部"，"不透明度"为39%，"颜色"为白色。

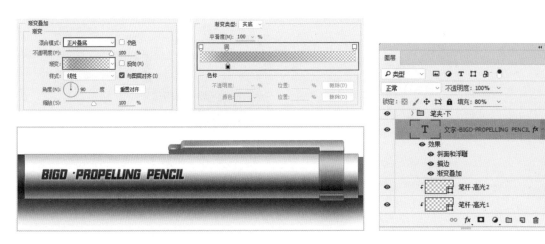

47 单击"渐变叠加"选项，设置"混合模式"为"正片叠底"，然后单击"点按可编辑渐变"按钮打开"渐变编辑器"，设置节点位置为18%的颜色为黑色，节点位置为0%和100%的"不透明度"为0%，节点位置为17%的"不透明度"为34%。

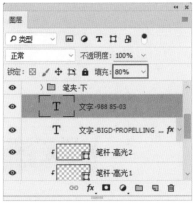

48 使用"横排文字工具"在笔杆上输入文本988 85-03，在"字符"面板中设置"字体"为Myriad Pro regular，"大小"为22点，"颜色"为（R:73，G:32，B:46），再设置为"仿粗体"、"斜体"和"标准连字"，最后设置图层的"填充"为80%。

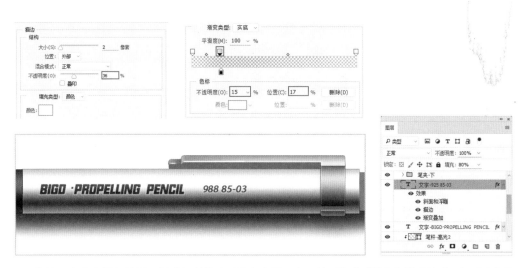

49 将第一个文字图层的图层样式复制粘贴到该文字图层上,然后修改"描边"样式的"不透明度"为36%,接着在"渐变叠加"样式中修改节点位置为17%的"不透明度"为15%。

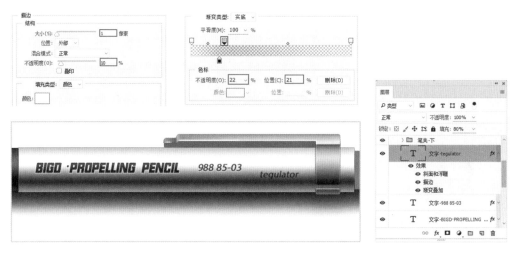

50 将第二个文字图层复制一份,然后修改文本为tegulator,接着设置大小为20点,再修改"描边"样式的"大小"为1像素,"不透明度"为10%,最后在"渐变叠加"中修改节点位置为21%的"不透明度"为22%。

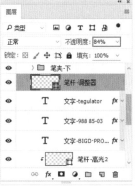

51 绘制笔杆的调整器。使用"圆角矩形工具"在笔杆上绘制一个圆角矩形,大小为94像素×11像素,半径为2像素,颜色为(R:75,G:56,B:74),然后设置图层的"不透明度"为84%,再更改图层名称为"笔杆 – 调整器"。

52 将最后一个文字图层的图层样式复制粘贴到该图层上，然后删除"斜面和浮雕"样式，再修改"描边"样式的"大小"为2像素，"不透明度"为58%。

53 整理图层。创建一个"笔杆-1"图层组，然后将相关图层拖曳到图层组内。

54 为"笔杆-2-底"添加图层样式。将"笔杆-底"的图层样式复制粘贴到"笔杆-2-底"图层上。

55 绘制笔杆2的高光。使用"矩形工具"在"笔杆-2-底"上绘制一个白色矩形，大小为1像素×101像素，然后更改图层名称为"笔杆-2-高光1"。

56 将图层"笔杆-2-高光1"创建为下面一个图层的剪贴蒙版，然后设置"图层混合模式"为"柔光"，"不透明度"为49%。

57 将图层"笔杆-2-高光1"复制一份，命名为"笔杆-2-高光2"，然后调整位置。

58 为"笔杆 -3- 底"添加图层样式。将"笔杆 -2- 底"的图层样式复制粘贴到"笔杆 -3- 底"图层上，然后打开"渐变叠加"样式的"渐变编辑器"，修改节点位置为 0% 的颜色为（R:151，G:146，B:143），节点位置为 11% 的颜色为（R:108，G:102，B:93），节点位置为 24% 的颜色为（R:64，G:50，B:63），节点位置为 44% 的颜色为（R:171，G:167，B:166），节点位置为 65% 的颜色为（R:223，G:223，B:218），节点位置为 71% 的颜色为（R:243，G:243，B:233），节点位置为 77% 的颜色为（R:246，G:246，B:242），节点位置为 100% 的颜色为（R:178，G:179，B:173）。

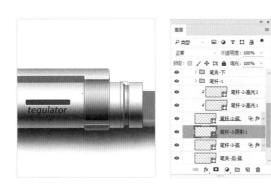

59 绘制笔杆 3 的阴影。使用"矩形工具"在"笔杆 -3- 底"上绘制一个矩形，大小为 2 像素 ×86 像素，颜色为（R:118，G:108，B:117），然后更改图层名称为"笔杆 -3- 阴影 1"。

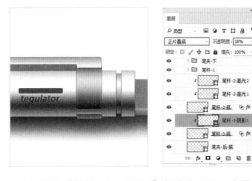

60 将图层"笔杆 -2- 阴影 1"创建为下面一个图层的剪贴蒙版，然后设置"图层混合模式"为"正片叠底"，"不透明度"为 18%。

61 将图层"笔杆 -3- 阴影 1"复制一份，命名为"笔杆 -3- 阴影 2"，然后调整位置。

62 整理图层。创建一个"笔杆–2、3"图层组，然后将相关图层拖曳到图层组内。

63 为"笔杆–后"添加图层样式。将"笔杆–连接处"的图层样式复制粘贴到"笔杆–后"上，然后在"描边"选项中修改"不透明度"为76%。

64 打开"渐变叠加"样式的"渐变编辑器"，设置节点位置为0%的颜色为（R:50，G:32，B:50），节点位置为68%的颜色为（R:120，G:97，B:116），节点位置为100%的颜色为（R:50，G:32，B:50）。

65 绘制"笔夹–后–圆点"。使用"圆角矩形工具"在笔杆上绘制一个白色圆角矩形，大小为14像素×7像素，上边的圆角半径为0.78像素，下边的圆角半径为6.22像素，然后更改图层名称为"笔夹–后–圆点1"。

66 单击"渐变叠加"选项，设置"渐变"颜色为从（R:233，G:231，B:233）到（R:127，G:123，B:124），然后设置"样式"为"径向"。

67 将"笔夹－后－圆点1"复制两份，修改名称为"笔夹－后－圆点2"和"笔夹－后－圆点3"，然后调整复制对象的大小和位置。

68 整理图层。创建一个"笔夹－后"图层组，然后将相关图层拖曳到图层组内。

16.3.5　制作按杆

01 为"按杆－5－底"添加图层样式。将"笔杆－3－底"的图层样式复制粘贴到"按杆－5－底"图层上。

02 绘制按杆5的投影。使用"矩形工具"在"按杆－5－底"上绘制一个矩形，大小为1像素×63像素，颜色为（R:64，G:50，B:63），然后更改图层名称为"按杆－5投影1"。

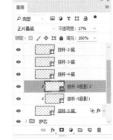

03 将图层"按杆－5投影1"创建为下面一个图层的剪贴蒙版，然后设置"图层混合模式"为"正片叠底"，"不透明度"为17%。

04 将图层"按杆－5投影1"复制一份，命名为"按杆－5投影2"，然后调整位置。

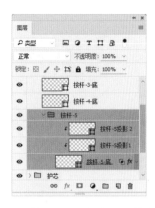  

05 整理图层。创建一个"按杆 -5"图层组，然后将相关图层拖曳到图层组内。

06 为"按杆 -4- 底"添加图层样式。将"按杆 -5- 底"的图层样式复制粘贴到"按杆 -4- 底"图层上。

07 绘制笔杆 4 的投影。使用"矩形工具"在"按杆 -4- 底"上绘制一个矩形，大小为 1 像素 ×89 像素，颜色为（ R:64，G:50，B:63 ），然后更改图层名称为"按杆 -4- 投影 1"。

08 将图层"按杆 -4 投影 1"创建为下面一个图层的剪贴蒙版，然后设置"图层混合模式"为"正片叠底"，"不透明度"为 13%。

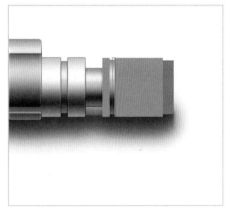  

09 将图层"按杆 -4- 投影 1"复制一份，命名为"按杆 -4- 投影 2"，然后调整位置。

10 整理图层。创建一个"按杆 -4"图层组，然后将相关图层拖曳到图层组内。

11 为"按杆 -3- 底"添加图层样式。将"笔杆 -2- 底"的图层样式复制粘贴到"按杆 -3- 底"图层上。

12 绘制按杆 3 的高光。使用"矩形工具"在"按杆 -3- 底"上绘制一个白色矩形，大小为 1 像素 ×96 像素，然后更改图层名称为"按杆 -3- 高光 1"。

13 将图层"按杆 -3- 高光 1"创建为下面一个图层的剪贴蒙版，然后设置"图层混合模式"为"柔光"，"不透明度"为 45%。

14 将图层"按杆 -3- 高光 1"复制一份，命名为"按杆 -3- 高光 2"，然后调整位置。

15 整理图层。创建一个"按杆 -3"图层组，然后将相关图层拖曳到图层组内。

16 为"按杆 -2- 底"添加图层样式。双击"按杆 -2-底"图层，打开"图层样式"对话框，单击"描边"选项，设置"大小"为 1 像素，"颜色"为（R:169，G:161，B:165）。

17 单击"渐变叠加"选项，设置合适的渐变效果。

 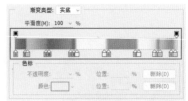

18 单击"混合"选项，勾选"将内部效果混合成组"选项，然后取消勾选"将剪贴图层混合成组"选项。

19 绘制按杆2的投影。使用"矩形工具"在"按杆-2-底"上绘制一个矩形，大小为1像素×89像素，颜色为（R:64，G:50，B:63），然后更改图层名称为"按杆-2-投影"。

20 将图层"按杆-2-投影"创建为下面一个图层的剪贴蒙版，然后设置"图层混合模式"为"正片叠底"，"不透明度"为13%。

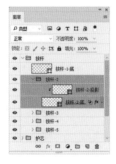

21 整理图层。创建一个"按杆-2"图层组，然后将相关图层拖曳到图层组内。

22 为"按杆-1-底"添加图层样式。将"按杆-3-底"的图层样式复制粘贴到"按杆-1-底"图层上。

23 绘制按杆 1 的高光。使用"矩形工具"在"按杆 -1- 底"上绘制一个白色矩形，大小为 2 像素 ×96 像素，然后更改图层名称为"按杆 -1- 高光 1"。

24 将图层"按杆 -1- 高光 1"创建为下面一个图层的剪贴蒙版，然后设置"图层混合模式"为"柔光"，"不透明度"为 41%。

25 将图层"按杆 -1- 高光 1"复制一份，命名为"按杆 -1- 高光 2"，然后调整位置。

26 使用"圆角矩形工具"在按杆上绘制一个圆角矩形，大小为 56 像素 ×28 像素，颜色随意，然后更改图层名称为"铅笔号"。

27 双击"铅笔号"图层，打开"图层样式"对话框，单击"斜面和浮雕"选项，设置"样式"为"内斜面"，"方法"为"平滑"，"深度"为 100%，"大小"为 1 像素，"角度"-90 度，"高度"为 30 度，"高光模式"的颜色为白色，"不透明度"为 51%，再设置"阴影模式"的颜色为（R:150，G:144，B:161），"不透明度"为 100%。

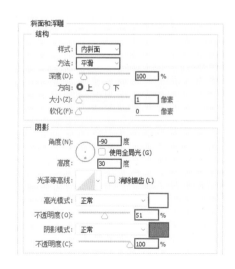

28 单击"渐变叠加"选项，设置"渐变"颜色为从（R:233，G:232，B:232）到（R:191，G:186，B:188）。

29 使用"横排文字工具"在圆角矩形内输入文本 HB，在"字符"面板中设置"字体"为 Myriad Pro regular，"大小"为 20 点，"颜色"为（R:123，G:109，B:116），再设置为"仿粗体"、"斜体"和"标准连字"，最后设置图层的"填充"为 80%。

30 整理图层。创建一个"按杆 -1"图层组，然后将相关图层拖曳到图层组内。

31 自动铅笔的最终效果如图所示。

⑱ 16.4 拓展练习

笔记心得

如前所述，金属材质最大的特点之一就是反射环境光的能力很强，大家可能想不到，某些糖果的质感和金属类似，绘制时，只有将高光和反光表现到位，才能将糖果做得惟妙惟肖。

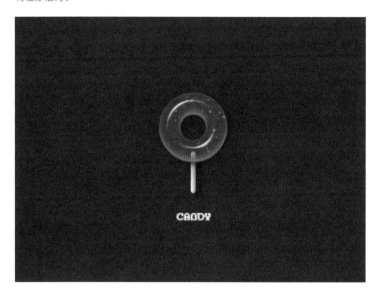

作业点评

张小碗儿同学绘制的这个糖果图标的造型很简单，一个空心圆加上一个小棍子，首先从造型上体现出了糖果的特点，同时将反光效果处理得很到位。配色方面，用淡淡的暖粉色表现糖果给人的甜蜜感。星空材质使用得恰到好处，将糖果里面的小颗粒表现得很逼真。

PART

17

第 17 章　移动端拨号界面设计

▣ 17.1 拨号界面

拨号界面是手机常用界面之一。对于设计师来说，有时候越是司空见惯的事物，设计起来越不知如何下手，这主要在于没有从用户的角度考虑问题。以拨号界面为例，如何设置键盘高度才方便用户点击，取消按钮放在哪里才合适，等等，设计关键不在于设计师的视觉美感，而是要考虑广大用户的操作习惯。

✋ 17.2 拨号界面设计注意事项

1 如果将拨号键盘的背景颜色设为白色，要考虑在不同光照条件下是否看得清
2 绿色数字看不清楚
3 红色通常代表禁止、拒绝的意思，因此不适合作为拨打按钮的颜色，可以选用绿色或蓝色
4 左上的"添加"和右上的"删除"图标都过大，保证手指可以正常点击即可
5 数字用简单字体即可，推荐微软雅黑、苹方、思源

1 布局清晰
2 排版简洁
3 按钮点击方便

📖 17.3 拨号界面设计宗旨

虽然每个品牌和型号的手机的拨号界面均会有些许不同，但都会围绕"方便、快捷、易用"3个方面进行设计，切忌把拨号界面设计得过于个性化。

🖥 17.4 拨号界面制作

01 新建文档。打开 Photoshop 软件，新建"拨号界面标"文档，设置"宽度"为 750 像素，"高度"为 1334 像素，"分辨率"为 72，再单击"确定"按钮。

02 创建辅助图形（一般在制作界面的时候，会先出原型图，以辅助制作，但这里为了方便，我们直接用图形来创建所需要填充的区域）。新建一个"辅助线"图层组，然后使用"矩形工具"在页面底端绘制一个矩形，大小为 750 像素 × 154 像素，填充颜色为（R:66，G:202，B:88），再紧贴矩形上边缘绘制一个较大的矩形，大小为 750 像素 ×876 像素，填充颜色为（R:118，G:226，B:136）。

03 使用"矩形工具"在较大的矩形中绘制一个小矩形，大小为 182 像素 ×100 像素，填充颜色为（R:34，G:172，B:56），然后使用"路径选择工具"选中小矩形，再按住 Alt 键拖曳鼠标复制 11 个，最后均匀分布小矩形的距离。

04 使用"矩形工具"在空白区域的中间绘制一个横条状矩形，大小为 750 像素 ×60 像素，填充颜色为（R:206，G:255，B:214）。

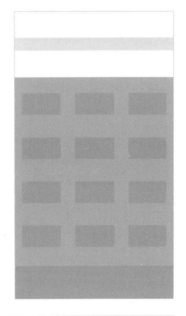

┌─TIPS─────────────────────────────────
│ "辅助线"图层组中所有对象的颜色都不是固定的，可以根据实际情况或操作者的喜好来确定，因为辅助器只是起辅助作用，不
│ 会出现在最终效果中。
└──────────────────────────────────────

05 输入文本。新建一个"字"图层组，然后在这个图层组里面新建一个"英文"图层组，输入英文字母，再新建一个"数字"图层组，输入数字和符号。

06 输入电话号码。使用"横排文字工具"在最上方的矩形条中输入电话号码，数字要水平居中于矩形条中，且数字的高度要和矩形条的高度一致。

TIPS
输入的所有文本都必须在小矩形框中，且位置要水平居中。

07 绘制"添加联系人"按钮。新建一个"添加联系人"图层组，然后使用"椭圆形工具"在电话号码左侧绘制一个圆，大小为 44 像素 × 44 像素，填充颜色为（R:134，G:196，B:79）。

08 使用"矩形工具"在圆中绘制矩形条，大小为 24 像素 × 4 像素，填充颜色为（R:206，G:255，B:214），然后复制一份，再旋转 90 度，最后将两个矩形条图层合并。

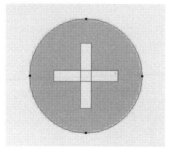

09 将合并后的图层置于圆的中心，然后选择"路径选择工具"，单击"属性"栏中的"合并形状组件"选项将其合并为一个对象，接着将圆和"十字"形状合并为一个图层。

10 绘制"删除"按钮。使用"矩形工具"在电话号码右侧绘制一个小矩形条，大小为 32 像素 × 4 像素，填充颜色为（R:168，G:168,B:168），然后旋转 45 度。

11 将小矩形条复制一份，然后旋转 90 度。

12 绘制"电话"按钮。新建一个"电话"图层组，然后使用"矩形工具"在页面底端绘制一个矩形，大小为 750 像素 ×154 像素，填充颜色为（R:134，G:196，B:79）。

13 使用"钢笔工具"绘制电话图形，设置"填充"颜色为白色。电话图标造型较复杂，初期可以降低难度，以简单造型呈现。

14 隐藏"辅助线"图层组，拨号界面标最终效果如图所示。

17.5 拓展练习

笔记心得

拨号界面虽然简单，但涉及用户体验，因此在设计时要多参考其他手机的拨号界面，多对比，总结出最易用的操作布局，通过颜色指引用户操作，让界面简约却不简单。

拓展练习

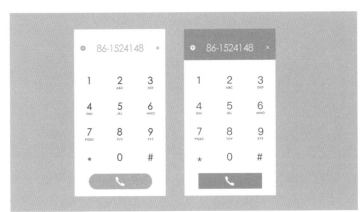

作业点评

刘少飞的两份作业都很优秀，均在原课程的基础上做了调整，通过按钮形状、界面主色和字体颜色来区分不同产品，很好地避免了常见的误操作问题。

PART

18

第 18 章 App 登录和注册页面设计

18.1 登录、注册页面设计规范

App 产品设计中，最重要的一环就是用户注册、登录页面设计，因为注册和登录是用户使用 App 的第一步。

就形式来说，注册、登录页面的形式有多种，有的与引导页相结合，有的单独存在。就风格来说，以苹果的 iOS 11 为例，其采用的大字号标题风格简洁、直观，让用户一目了然。但简洁绝对不等于简单，元素越少的设计越要有内涵，越要规范。可以说，越到最后，UI 设计越接近科学。

18.2 设计注意事项

新用户注册
目前已经加入 26937359 名用户

用户名

bigd_wanghan@BIGD.com

密码

●●●●●●●●●●

下一步

点击"下一步"即代表您同意 **服务协议**

← 已有账号？ **返回登录**

新用户注册
目前已经加入 **26937359** 名用户

用户名

bigd_wanghan@BIGD.com

密码

●●●●●●●●●●●●

下一步

点击"下一步"即代表您欢迎码 **服务协议**

← 已有账号？ 返回登录

1 文字颜色都是纯黑色，没有层次
2 对齐方式不严谨
3 字体较乱
4 输入框风格太陈旧
5 按钮内容太大，视觉不平衡

1 对齐和间距规范
2 色彩有层次感，字号大小搭配协调
3 用户能够快速识别可操作部分
4 中文使用苹方字体，英文和数字使用 San Francisco 字体，也可以使用苹方字体

18.3 iPhone 8 App 注册页面操作实例

下面讲解注册页面的设计方法，通过观察发现页面中只有文字和矩形框，但为什么我们要特别讲这个设计呢，因为其中文字与文字间、文本框与文本框间的距离并不是随便设置的，是要从美学和应用方便等多角度来考虑的。

01 新建文档，设置"宽度"为750像素，"高度"为1334像素，再单击"确定"按钮。

02 使用"矩形工具"绘制图形，然后在"属性"面板中设置"宽度"为100像素，"高度"为60像素，"水平位置"为72像素，"垂直位置"为164像素。

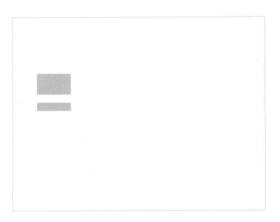

TIPS

在App中，每一个图形的尺寸都是有规定的，图形与图形的间隔也是以2、4、6等双数来设置的。

03 按住Alt键，然后水平向下拖曳，接着在"属性"面板中设置"高度"为24像素，"垂直位置"为248像素。

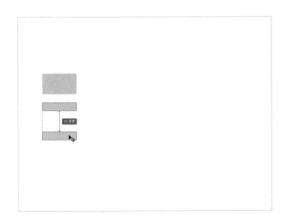

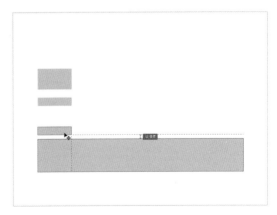

04 选择图形，然后按住Alt键水平向下移动60像素。

05 复制一份辅助图形，然后设置"宽度"为100像素，"高度"为606像素，接着与辅助图形间隔12像素放置。

06 选择需要的图形，按住 Alt 键水平向下复制多份。

07 选择"文字工具"，然后在"字符"面板上设置"字体"为"苹方粗体"，"大小"为 60 点，"颜色"为黑色。

08 使用"文字工具"输入文本，然后选择"苹方字体"和合适的字号，接着使用"文本工具"选中部分文本内容，设置"颜色"为（R:185，G:194，B:200）。

09 使用"文字工具"输入文本，然后设置"颜色"为（R:185，G:194，B:200），再选择"苹方字体"和合适的字号。

10 使用"文字工具"输入文本，设置"颜色"为黑色，选择"苹方字体"和合适的字号。

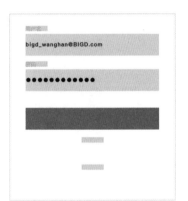  

11 将"下一步"按钮选中，然后设置"填充"颜色为（R:55，G:114，B:252），接着使用"文字工具"输入文本，再设置"颜色"为白色。

12 使用"文字工具"输入文本，设置"颜色"为（R:185，G:194，B:200），选择"苹方字体"和合适的字号。

13 使用"文字工具"选中部分文字，然后设置"颜色"为黑色，再选择部分文字，设置"颜色"为（R:55，G:114，B:250）。

14 使用"矩形工具"绘制图形，然后在矩形中绘制图形，并旋转 45 度。

15 完成绘制后，将辅助图形删除，注册页面就完成了。

🖥 18.4 正确输出清晰设计效果图流程

01 绘制注册页面在设备中显示的效果。

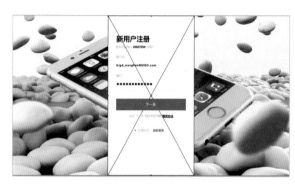

02 先导入绘制好的注册页面，然后按快捷键 Ctrl+T 进行旋转。

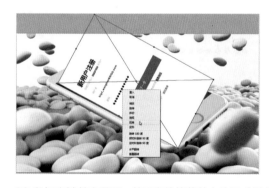

03 鼠标右键单击图形，然后在快捷菜单中选择"扭曲"，再移动锚点，将锚点移动到设备图上的 4 个角。

04 至此，设备中的注册页面效果绘制完成。

🧠 18.5 拓展练习

拓展练习

拓展练习

作业点评

小思同学的作品明暗对比明确，层次分明，并且输入框有图标进行辅助提示，提升了整体设计感。"下一步"按钮虽小，但是区别于背景色，并且摆放位置方便右手拇指单手操作，在交互体验方面考虑得很到位。由于早期的手机性能有限，所以不建议在注册、登录页面插入过多的图片，以免影响运行速度和占用过多的内存。现在大可不必担心这一点，但是切忌过度展示图片等不必要的元素，以免影响文字输入。

作业点评

雨蕾同学的作品色彩协调，主次分明，明暗处理恰当，特别符合她所设计的 App 产品的主题。顶部使用色块进行区域划分，突出了欢迎标题，让布局更加清晰合理。唯一不足的是左图登录不可用状态的界面的透明度设置不当，建议使用灰色并且设置透明度为30%~50%，会让用户更加一目了然。

PART

19

第 19 章　App 卡券列表界面设计

▢ 19.1 卡券界面设计

卡券界面多出现于大众消费类和营销类 App 中，常以列表形式出现，可以根据活动内容设计不同风格。

✋ 19.2 设计注意事项

1 卡券的大小不一致，且间距不统一
2 颜色区分需要保证在一定的颜色范围，整体风格为扁平化，颜色要遵循鲜亮的颜色，让用户可以在使用的时候保持愉悦的心情
3 标签的尺寸与文字量及图片尺寸不对应，致使文字及图片溢出标签
4 文字颜色与标签和图框颜色混淆

1 版式布局合理
2 颜色分类清晰且符合产品特色，用户可以快速找到所需的优惠卡券
3 完整地展示了商家的 Logo
4 卡券优惠内容显示清晰

📖 19.3 卡券列表

设计卡券列表时，既要保证每个活动厂商的Logo可以凸显出来，又不能影响界面的一致性。另外，如果采用单色模式设计，视觉效果一致；如果采用彩色模式设计，要考虑颜色的搭配。看似简单的界面，实际上包含了很多设计技巧。

🖥 19.4 卡券列表界面操作实例

01 新建文档，设置"宽度"为750像素，"高度"为1334像素，完成后单击"确定"按钮。

02 导入导航栏，将其拖曳到画布顶部，也可独立创建导航栏，设置"宽度"为750像素，"高度"为88像素，或创建状态栏，设置"宽度"为750像素，"高度"为40像素。

03 使用"圆角矩形工具"绘制图形，设置"半径"为20像素，"填充"颜色为（R:255, G:96, B:163）。

TIPS
不要选择偏暗的颜色，这样会给人一种商务化的感觉，应尽量选择能让人心情愉悦的颜色。

04 选择"椭圆形工具"，然后按住Shift键绘制圆形，接着设置"填充"颜色为（R:246, G:90, B:80）。

TIPS
圆形的填充颜色根据导入的Logo颜色进行调整，如果Logo背景为黄色，圆形的填充颜色也应该为黄色。如果导入的Logo尺寸够大，可以直接剪贴到圆形中。

05 使用"椭圆形工具"创建 3 个圆形，绘制一个扩散效果，并将圆形图层移动到红色圆形下方，再设置"填充"颜色为白色。

06 分别选中白色图形，设置大圆的图层"不透明度"为 6%，中圆的图层"不透明度"为 10%，小圆的图层"不透明度"为 16%。

07 导入 Logo 图片，拖曳到圆上，再按快捷键 Ctrl+Alt+G 添加剪贴蒙版效果。

08 使用"文字工具"输入文本，选择合适的字体和字号。

09 使用"矩形工具"绘制图形，然后按住 Shift 键绘制正方形，接着选择正方形，按快捷键 Ctrl+T 进入自由变换模式，再旋转 45 度后进行缩放，最后按快捷键 Ctrl+E 进行合并。

10 选择"直接选择工具"，然后选中菱形，在选项栏设置"操作路径"为"减去顶层形状"，接着设置"填充"颜色为（R:181，G:102，B:255）。

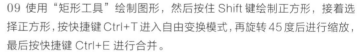

11 双击绘制的图形，然后在弹出的对话框中选择"投影"选项，接着设置"不透明度"为 6%，"距离"为 12 像素，"大小"为 0 像素，再单击"确定"按钮，最后设置图层的"不透明度"为 96%。

12 使用"文字工具"输入文本，选择合适的字体和字号，再将绘制好的项目编组。

13 将编组项目水平向下复制多份，然后使用同样的方法绘制其他的列表项目。

14 使用"文字工具"完善界面，至此，卡券列表就绘制完成了。可以通过变换颜色拓展出不同商户的优惠券，是个很有代表性的页面练习。

19.5 拓展练习

笔记心得

不同商品要用不同颜色来区分，因此要考虑多产品展示的情况下如何区分颜色，不能简单地选用多色，应在一定的饱和度区域内进行选色，这样才能确保色块间搭配融合。

拓展练习

作业点评

李松国和刘安乐两位同学都沿用了实例中的布局方式，不过一个选用了文艺色调，一个选用了单色调。但要注意，文艺色很容易显得灰暗，如果公司产品主要是以文艺色为主或者以复古风为主，那么用文艺色是完全允许的；如果是针对年轻人的产品，还是建议以鲜艳的颜色为主。选用单色调时，要考虑颜色是否和企业主色相吻合，比如淘宝的橙色、百度的蓝色和美团外卖的黄色等，都是基于这个前提来使用单色的。

PART
20

第 20 章　PS 动效设计

20.1 PS 设计动画的优势

PS 虽然是静态图像设计软件，但是用它做出的动效并不逊色。用 PS 做动效的优势在于，可以直接使用 PS 图层中的元素。除了一些复杂的动效，简单的表情类动画和加载动画都可以用 PS 来制作，可大大提升效率。

京东加载动画

美团加载动画

动画的模式大致分为两种，帧动画（Frame Animation）和补间动画（Tween Animation）。对于 PS 而言，简单来说，帧动画就是将不同画面置于不同的图层中，然后一张张地排序显示。比如旋转加载的效果的动画，通过将几个画面连在一起循环播放即可。

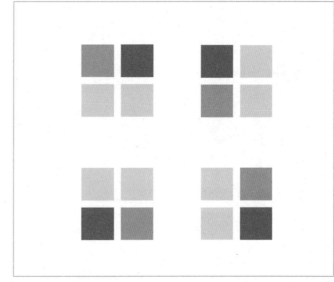

274

补间动画就是利用软件将元素的运动、变化等过程补充完整。比如一个物体从 A 运动到 B，如果用帧动画演示可能需要 10 张画面，而用补间动画只需要将元素放置在 A，再移动到 B，中间的运动过程由软件自动补间，所以补间可以通俗地理解为"补充运动区间"。

补间动画主要通过时间轴来完成，希望大家通过本章内容对时间的基本原理有所了解。

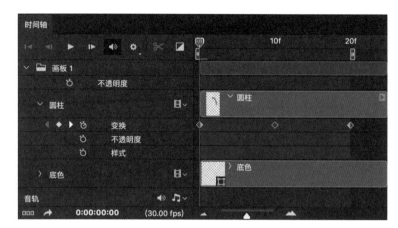 

👆 20.2 用时间轴制作加载动画

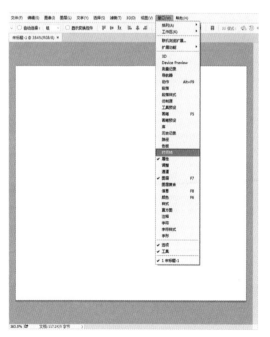 

01 新建空白文档，再执行"窗口 > 时间轴"菜单命令，即可在界面内看到时间轴内容。

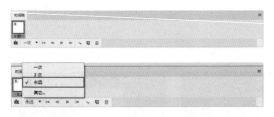

02 在时间轴面板上单击"创建帧动画"按钮，轨迹上出现了画布内容，接着修改"次数"为"永远"。

03 使用"矩形工具"绘制正方形，然后设置"填充"颜色为灰色，接着将正方形向右下复制多个。

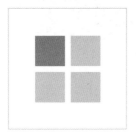

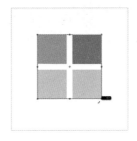

04 修改第一块正方形为"蓝色"，然后调整左下的正方形为"深蓝色"。

05 按快捷键 Ctrl+G 将绘制的图形编组，然后将组复制一份，按快捷键 Ctrl+T 进入自由变换模式，接着顺时针旋转 90 度。

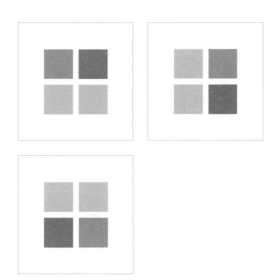

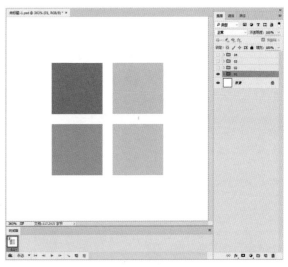

06 使用同样的方法绘制 3 份旋转图形，可以观察到图层列表和时间轴的内容，隐藏其他图层组。

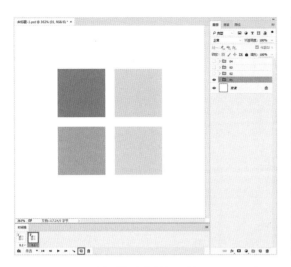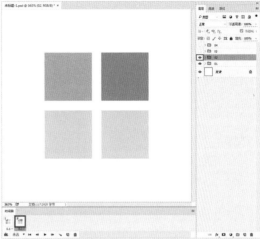

07 在时间轴上单击"新建"按钮，然后显示图层组 2，观察到时间轴新建的图层发生了变化。

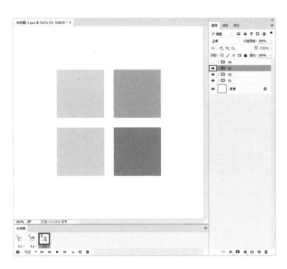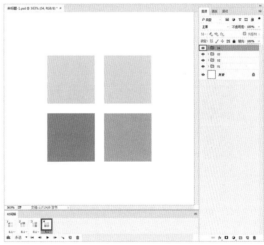

08 使用同样的方法完善其他图层组。

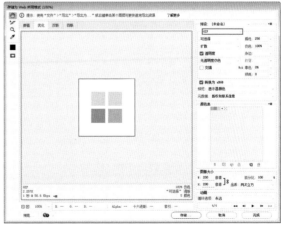

09 保存文档。执行"文件 > 导出 > 存储为 Web 所用格式"菜单命令，在弹出的对话框中设置"格式"为"GIF"。

TIPS

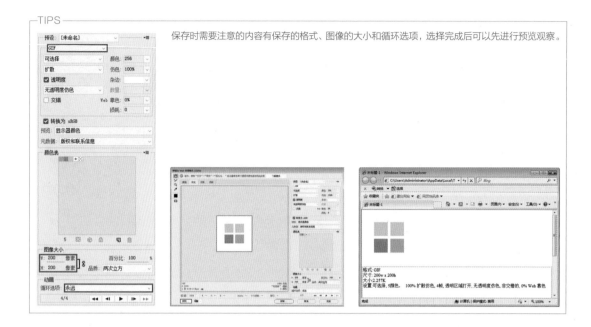

保存时需要注意的内容有保存的格式、图像的大小和循环选项，选择完成后可以先进行预览观察。

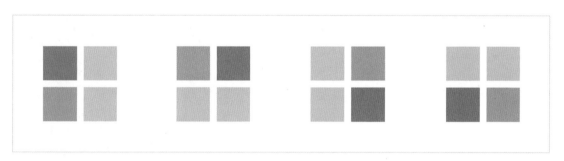

10 至此，运动的 GIF 动画制作完成。

PART

21

第 21 章　工作必备的切图技能

21.1 圆角矩形按钮操作实例

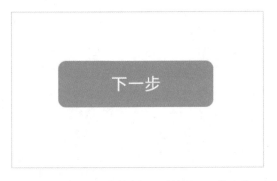

01 在 Photoshop 软件中打开"按钮.psd"文件。

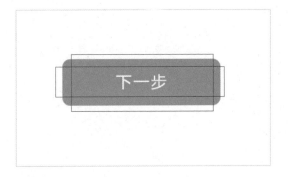

02 因为此案例中的图形存在圆角，所以不是每个地方都可以进行拉伸，因此确定可以拉伸的区域为圆角内的区域。

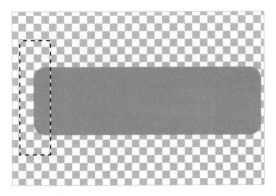

03 隐藏文字和背景图层，然后将图像缩放到100%，接着使用"矩形选框工具"框选出圆角矩形一侧的圆角，框选区域尽量采用偶数像素。

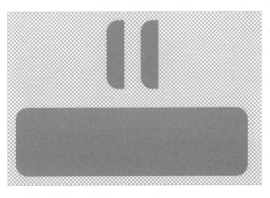

04 选中圆角矩形图层，按两次快捷键 Ctrl+J 将其复制两份。

05 将第2份复制图层水平翻转，并调整位置，然后将两个复制图层合并为一个图层。

06 使用"矩形选框工具"将合并后的图形框选，执行"编辑 > 合并拷贝"菜单命令，然后按快捷键 Ctrl+N 新建一个文档，此时"新建"对话框中显示的是拷贝图像的大小，需要将"宽度"和"高度"各添加 2 像素。

07 在新建的文档中按快捷键 Ctrl+V 粘贴拷贝的图像，此时图像周围出现了 1 像素的空白区域。

08 标注垂直拉升区域。设置前景色为黑色（纯黑色），然后使用"矩形选框工具"在图像左侧中间空白区域框选出 4 个像素，再填充黑色，最后取消选区。

09 标注水平拉升区域。使用"矩形选框工具"在图像上侧中间空白区域框选出 4 个像素，再填充黑色，最后取消选区。

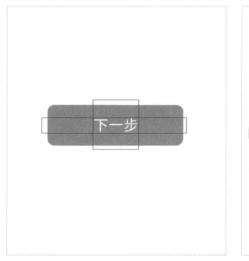 

10 标注文字水平所在区域。由原文件可以看出，文字所在区域为圆角矩形的中心。回到新建文档中，在图像右侧中间空白区域框选出 40 个像素，再填充黑色，最后取消选区。

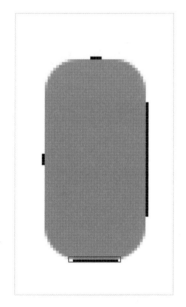 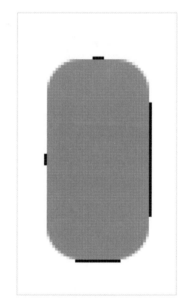

11 标注文字垂直所在区域。在图像下侧中间空白区域框选出合适的偶数像素，这里选择 16 个像素，再填充黑色，最后取消选区。

12 将标注后的图像保存。

👆 21.2 皮卡丘信息气泡按钮操作实例

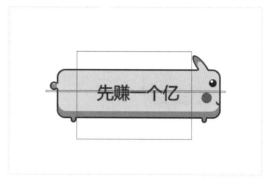

01 在 Photoshop 软件中打开"按钮 .psd"文件。

02 因为此案例中的图形为不规则图形，所以不是每个地方都可以进行拉伸，因此确定可以拉伸的区域为红框区域。

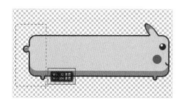

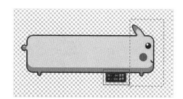

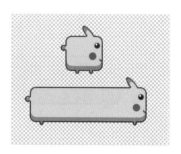

03 隐藏文字和背景图层，然后将图像缩放到 200%，接着使用"矩形选框工具"框选出左侧不可拉伸的区域，框选区域尽量采用偶数像素。

04 选中信息气泡图层，按快捷键 Ctrl+J 将选区复制一份，然后使用"矩形选框工具"框选出右侧不可拉伸的区域，框选区域尽量采用偶数像素。

05 按快捷键 Ctrl+J 将选区复制一份，然后调整两个复制图层的位置。

06 使用"矩形选框工具"将合并后的图形框选，执行"编辑＞合并拷贝"菜单命令，然后按快捷键 Ctrl+N 新建一个文档，此时"新建"对话框中显示的是拷贝图像的大小，需要将"宽度"和"高度"各添加 2 像素。

07 在新建的文档中按快捷键 Ctrl+V 粘贴拷贝的图像，此时图像周围出现了 1 像素的空白区域。

 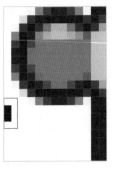

 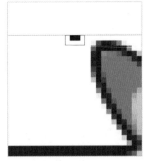

08 标注垂直拉升区域。设置前景色为黑色（纯黑色），然后使用"矩形选框工具"在图像左侧中间空白区域框选出 2 个像素，再填充黑色，最后取消选区。

09 标注水平拉升区域。使用"矩形选框工具"在图像上侧中间空白区域框选出 2 个像素，再填充黑色，最后取消选区。

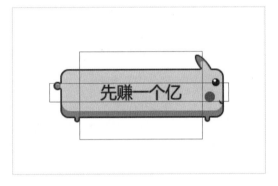

10 标注文字水平所在区域。由原文件可以看出，文字所在区域为圆角矩形的中心。回到新建文档中，在图像下侧中间空白区域框选出合适的偶数像素，这里选择 20 个像素，再填充黑色，最后取消选区。

11 标注文字水平所在区域。由原文件可以看出，文字所在区域为圆角矩形的中心。回到新建文档中，在图像下侧中间空白区域框选出合适的偶数像素，这里选择 20 个像素，再填充黑色，最后取消选区。

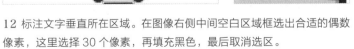

12 标注文字垂直所在区域。在图像右侧中间空白区域框选出合适的偶数像素，这里选择 30 个像素，再填充黑色，最后取消选区。

13 将标注后的图像保存。